国家重点研发青年科学家计划(2023YFC3081200)
国家自然科学基金项目(40277264)　联合资助
岩土钻掘与防护教育部工作研究中心开放基金

岩土测试技术实验教材

YANTU CESHI JISHU SHIYAN JIAOCAI

葛云峰　鲁　莎　陈　劲　主编

图书在版编目(CIP)数据

岩土测试技术实验教材/葛云峰,鲁莎,陈劲主编. —武汉:中国地质大学出版社,2024.4
ISBN 978-7-5625-5826-2

Ⅰ.①岩… Ⅱ.①葛… ②鲁… ③陈… Ⅲ.①岩土工程-测试技术-实验-教材 Ⅳ.①TU4-33

中国国家版本馆 CIP 数据核字(2024)第 069822 号

岩土测试技术实验教材		葛云峰 鲁 莎 陈 劲 主编
责任编辑:谢媛华	选题策划:谢媛华	责任校对:徐蕾蕾

出版发行:中国地质大学出版社(武汉市洪山区鲁磨路388号)　　　　　　　　　邮编:430074
电　　话:(027)67883511　　　传　　真:(027)67883580　　E-mail:cbb@cug.edu.cn
经　　销:全国新华书店　　　　　　　　　　　　　　　　　　　http://cugp.cug.edu.cn

开本:787 毫米×1092 毫米　1/16	字数:301 千字　印张:11.75
版次:2024 年 4 月第 1 版	印次:2024 年 4 月第 1 次印刷
印刷:武汉市籍缘印刷厂	
ISBN 978-7-5625-5826-2	定价:58.00 元

如有印装质量问题请与印刷厂联系调换

前 言

理论分析、岩土测试和工程实践是岩土工程分析的3个重要方面。岩土测试技术不仅在岩土工程建设实践中十分重要,而且在岩土工程理论形成和发展过程中起着决定性作用。岩土测试贯穿规划、勘察、设计、施工与运营工程建设生命全周期,旨在获取岩土特性、揭示岩土体与工程环境的关联性、监测建筑物与边坡等的变形、检测岩土工程治理的质量效果、实施施工监测以及开展工程事故监测等,以确保工程经济、合理、可靠并正常运营。岩土测试技术是保证岩土工程设计合理性的重要手段,是大型岩土工程信息化施工的保障,已经成为岩土工程施工不可分割的重要组成部分,是保证大型重要岩土工程长期安全运行的重要手段。

"岩土测试技术"作为岩土工程和工程地质专业主要课程,实践性特别强,不仅重视学生对基本理论的学习,而且强调实验课上学生亲自动手技能的训练。本书作为"岩土测试技术"课程实验教材,考虑与其他专业课程内容重复、新技术和新方法更新迭代等因素,聚焦岩土测试中的原位测试技术和高新测试技术,以体现教材的精简性和与时俱进性。

全书共分19章,具体分工如下:"前言"由葛云峰编写;第一章"绪论"由葛云峰、陈劲、陈钱编写;第二章"螺旋板载荷实验"由朱志明、张子龙编写;第三章"基桩自平衡静载实验"由张子龙、葛云峰编写;第四章"静力触探实验"由张云卫、李梓豪编写;第五章"十字板剪切实验"由李梓豪、葛云峰编写;第六章"圆锥动力触探实验"由陈江军、胡彬编写;第七章"标准贯入实验"由胡彬、鲁莎编写;第八章"旁压实验"由黄启坤、文中旭、陈劲编写;第九章"扁铲侧胀实验"由文中旭、葛云峰编写;第十章"现场剪切实验"由王海艳、陈劲编写;第十一章"岩体原位应力测试"由王海艳、葛云峰编写;第十二章"水力劈裂实验"由刘畅洋、葛云峰编写;第十三章"基于地面式三维激光扫描技术的岩体结构识别实验"、第十四章"基于手持式三维激光扫描技术的岩体结构面粗糙度评价实验"由陈蔚翔、葛云峰编写;第十五章"基于摄影测量的岩体结构面粗糙度评价实验"由袁世宇、葛云峰编写;第十六章"基于井下摄影的岩体结构面识别实验"由袁世宇、陈劲、葛云峰编写;第十七章"基于红外热成像的剪切破坏区域识别实验"由陈钱、葛云峰编写;第十八章"基于高速摄像的滑坡碎屑流运动参数提取实验"由陈蔚翔、葛云峰编写;第十九章"基于CT扫描成像技术的岩土体微观结构评价实验"由鲁莎编写。全书由葛云峰统稿。

本教材在编写与出版过程中得到了国家重点研发青年科学家计划"强震诱发高位岩质滑坡灾害链的动力学演化机理与风险评估"(项目编号:2023YFC3081200)、国家自然科学基金项目"多冲程滑坡碎屑流高速远程效应研究"(项目编号:42077264)和岩土钻掘与防护教育部工程研究中心基金的联合资助,得到了依托单位中国地质大学(武汉)的大力支持,编者在此一并致谢。

　　需要说明的是,虽然本教材在编写过程中参考了大量的国内外相关书籍、标准规范、学术论文、测试报告和网络资源等,但是由于作者水平有限、编写时间紧张等原因,书中难免存在不足之处,恳请有关同行及读者批评指正,提出宝贵意见,以便再版时得以修订、更正和完善。

葛云峰

2023 年 12 月

目 录

第一章 绪 论 ·· (1)
　第一节　岩土工程与地质工程领域典型工程事故 ·· (1)
　第二节　岩土测试的意义与目的 ·· (8)
　第三节　岩土测试的分类 ·· (9)
　第四节　岩土测试技术发展现状与展望 ·· (10)

第二章 螺旋板载荷实验 ·· (13)
　第一节　概　述 ·· (13)
　第二节　实验的基本原理与仪器设备 ·· (13)
　第三节　实验技术要求 ·· (14)
　第四节　实验操作步骤 ·· (15)
　第五节　实验数据整理与分析 ·· (16)
　第六节　工程案例分析 ·· (18)

第三章 基桩自平衡静载实验 ·· (20)
　第一节　概　述 ·· (20)
　第二节　实验的基本原理与仪器设备 ·· (20)
　第三节　实验技术要求 ·· (23)
　第四节　实验操作步骤 ·· (25)
　第五节　实验数据整理与分析 ·· (26)
　第六节　工程案例分析 ·· (27)

第四章 静力触探实验 ·· (31)
　第一节　概　述 ·· (31)
　第二节　实验的基本原理与仪器设备 ·· (32)
　第三节　实验技术要求 ·· (34)
　第四节　实验操作步骤 ·· (34)

第五节　实验数据整理与分析 ……………………………………………………（35）

　　第六节　工程案例分析 ……………………………………………………………（35）

第五章　十字板剪切实验 …………………………………………………………………（38）

　　第一节　概　述 ……………………………………………………………………（38）

　　第二节　实验的基本原理与仪器设备 ……………………………………………（38）

　　第三节　实验技术要求 ……………………………………………………………（39）

　　第四节　实验操作步骤 ……………………………………………………………（40）

　　第五节　实验数据整理与分析 ……………………………………………………（40）

　　第六节　工程案例分析 ……………………………………………………………（42）

第六章　圆锥动力触探实验 ………………………………………………………………（48）

　　第一节　概　述 ……………………………………………………………………（48）

　　第二节　实验的基本原理与仪器设备 ……………………………………………（49）

　　第三节　实验技术要求 ……………………………………………………………（50）

　　第四节　实验操作步骤 ……………………………………………………………（51）

　　第五节　实验数据整理与分析 ……………………………………………………（51）

　　第六节　工程案例分析 ……………………………………………………………（55）

第七章　标准贯入实验 ……………………………………………………………………（58）

　　第一节　概　述 ……………………………………………………………………（58）

　　第二节　实验的基本原理与仪器设备 ……………………………………………（58）

　　第三节　实验技术要求 ……………………………………………………………（59）

　　第四节　实验操作步骤 ……………………………………………………………（59）

　　第五节　实验数据整理与分析 ……………………………………………………（60）

　　第六节　工程案例分析 ……………………………………………………………（61）

第八章　旁压实验 …………………………………………………………………………（63）

　　第一节　概　述 ……………………………………………………………………（63）

　　第二节　实验的基本原理与仪器设备 ……………………………………………（64）

　　第三节　实验技术要求 ……………………………………………………………（66）

　　第四节　实验操作步骤 ……………………………………………………………（68）

　　第五节　实验数据整理与分析 ……………………………………………………（69）

　　第六节　工程案例分析 ……………………………………………………………（70）

第九章　扁铲侧胀实验 ·· (74)

　　第一节　概　述 ·· (74)

　　第二节　实验的基本原理与仪器设备 ·· (74)

　　第三节　实验技术要求 ·· (77)

　　第四节　实验操作步骤 ·· (79)

　　第五节　实验数据整理与分析 ·· (80)

　　第六节　工程案例分析 ·· (83)

第十章　现场剪切实验 ·· (86)

　　第一节　概　述 ·· (86)

　　第二节　实验的基本原理与仪器设备 ·· (86)

　　第三节　实验技术要求 ·· (87)

　　第四节　实验操作步骤 ·· (88)

　　第五节　实验数据整理与分析 ·· (91)

　　第六节　工程案例分析 ·· (94)

第十一章　岩体原位应力测试 ·· (99)

　　第一节　概　述 ·· (99)

　　第二节　实验的基本原理与仪器设备 ·· (99)

　　第三节　实验技术要求 ··· (101)

　　第四节　实验操作步骤 ··· (102)

　　第五节　实验数据整理与分析 ··· (103)

　　第六节　工程案例分析 ··· (104)

第十二章　水力劈裂实验 ·· (108)

　　第一节　概　述 ··· (108)

　　第二节　实验的基本原理与仪器设备 ··· (108)

　　第三节　实验技术要求 ··· (110)

　　第四节　实验操作步骤 ··· (111)

　　第五节　实验数据整理与分析 ··· (112)

　　第六节　工程案例分析 ··· (113)

第十三章　基于地面式三维激光扫描技术的岩体结构识别实验 ············· (117)

　　第一节　概　述 ··· (117)

第二节　实验的基本原理与仪器设备 …………………………………………… (118)

第三节　实验技术要求 …………………………………………………………… (121)

第四节　实验操作步骤 …………………………………………………………… (121)

第五节　实验数据整理与分析 …………………………………………………… (123)

第六节　工程案例分析 …………………………………………………………… (123)

第十四章　基于手持式三维激光扫描技术的岩体结构面粗糙度评价实验 …………………………………………………………………………… (125)

第一节　概　述 …………………………………………………………………… (125)

第二节　实验的基本原理与仪器设备 …………………………………………… (125)

第三节　实验技术要求 …………………………………………………………… (126)

第四节　实验操作步骤 …………………………………………………………… (127)

第五节　实验数据整理与分析 …………………………………………………… (127)

第六节　工程案例分析 …………………………………………………………… (128)

第十五章　基于摄影测量的岩体结构面粗糙度评价实验 ……………… (130)

第一节　概　述 …………………………………………………………………… (130)

第二节　实验的基本原理与仪器设备 …………………………………………… (130)

第三节　实验技术要求 …………………………………………………………… (133)

第四节　实验操作步骤 …………………………………………………………… (134)

第五节　实验数据整理与分析 …………………………………………………… (137)

第六节　工程案例分析 …………………………………………………………… (140)

第十六章　基于井下摄影的岩体结构面识别实验 ……………………… (145)

第一节　概　述 …………………………………………………………………… (145)

第二节　实验的基本原理与仪器设备 …………………………………………… (146)

第三节　实验技术要求 …………………………………………………………… (147)

第四节　实验操作步骤 …………………………………………………………… (147)

第五节　实验数据整理与分析 …………………………………………………… (148)

第六节　工程案例分析 …………………………………………………………… (150)

第十七章　基于红外热成像的剪切破坏区域识别实验 ………………… (154)

第一节　概　述 …………………………………………………………………… (154)

第二节　实验基本原理与仪器设备 ……………………………………………… (154)

第三节　实验技术要求 ……………………………………………………………（156）

第四节　实验操作步骤 ……………………………………………………………（156）

第五节　实验数据整理与分析 ……………………………………………………（157）

第六节　工程案例分析 ……………………………………………………………（157）

第十八章　基于高速摄像的滑坡碎屑流运动参数提取实验 ………………（160）

第一节　概　述 ……………………………………………………………………（160）

第二节　实验的基本原理与仪器设备 ……………………………………………（160）

第三节　实验技术要求 ……………………………………………………………（162）

第四节　实验操作步骤 ……………………………………………………………（163）

第五节　实验数据整理与分析 ……………………………………………………（163）

第六节　工程案例分析 ……………………………………………………………（164）

第十九章　基于CT扫描成像技术的岩土体微观结构评价实验 ……………（167）

第一节　概　述 ……………………………………………………………………（167）

第二节　实验的基本原理与仪器设备 ……………………………………………（167）

第三节　实验技术要求及操作步骤 ………………………………………………（169）

第四节　实验操作步骤 ……………………………………………………………（169）

第五节　实验数据整理与分析 ……………………………………………………（171）

第六节　工程案例分析 ……………………………………………………………（171）

主要参考文献 ………………………………………………………………………（173）

第一章 绪 论

第一节 岩土工程与地质工程领域典型工程事故

经典的岩土工程与地质工程领域工程事故对岩土测试技术的意义非常重大。通过事故原因的分析可以发现,岩土测试技术可以在工程安全评估、风险控制以及工程设计与施工优化过程中发挥关键作用,提高工程的安全性、可靠性和经济性。

一、基坑工程事故

1. 杭州地铁 9 号线基坑坍塌事故

2021 年 10 月 2 日凌晨 1 时 30 分左右,杭州临平区荷禹路和新洲路交叉口的地铁 9 号线道路恢复工程,在施工单位进行基坑开挖及地下污水管安装施工时,发生一起基坑坍塌事故,造成 2 人遇难,直接经济损失约 350 万元(图 1-1)。

经调查,事故直接原因是施工单位未按专项施工方案进行施工,而是选择在基坑东侧堆土,且堆土紧挨基坑边缘,堆土高度偏高,坡度不足。此外,堆土处于松散状态,黏聚力偏低,在不能保证堆土坡度的情况下,现场同时存在施工振动荷载,从而导致堆土产生滑移坍塌,造成事故。

2. 南京高新区基坑坍塌事故

2021 年 6 月 15 日 16 时 48 分左右,位于南京高新区(浦口园)的南京银行科教创新园二期项目北侧的基坑发生局部坍塌事故,造成 2 人遇难,2 人轻伤,1 人轻微伤,共造成直接经济损失 989.73 万元(图 1-2)。

经调查,事故直接原因是场地工程地质条件复杂,岩面倾向坑内且倾角较大,对基坑临空面的稳定性产生不利影响。基坑开挖面积较大,北侧基坑较深,时空效应明显。基坑支护体系的实际承载能力不能满足基坑安全性要求,事故部位桩锚体系失效导致坍塌。间接原因则有:①岩土勘察不够全面、准确;②没有采用动态设计法;③信息法施工没有落实;④对工程风险管控意识不强;⑤项目管理混乱,质量控制和安全管理工作缺失。

图 1-1 杭州地铁 9 号线基坑坍塌事故现场图　　图 1-2 南京高新区基坑坍塌事故现场图

3. 广州海珠城基坑坍塌事故

2005 年 7 月 21 日 12 时 20 分左右,广州海珠城基坑发生坍塌事故,造成 5 人受伤,6 人被埋,其中 3 人被消防队员救出,另 3 人不幸遇难,直接经济损失超过 2 亿元(图 1-3)。

图 1-3　广州海珠城基坑坍塌事故现场图

经调查,事故原因有以下几点:①超挖。原设计 4 层基坑(17m),后开挖成 5 层基坑(20.3m),挖孔桩成吊脚桩。②超时。基坑支护结构服务年限为 1 年,实际从开挖至发生事故已有近 3 年。③超载。坡顶泥头车、吊车、钩机超载。④地质原因。岩面埋深较浅,但岩层倾斜。

二、基础工程事故

1. 美国迈阿密公寓坍塌事故

2021 年 6 月 24 日,美国佛罗里达州迈阿密-戴德县瑟夫赛德镇发生一起公寓局部坍塌事故,事故迄今确认至少 97 人遇难,可能还有一名遇难者,但遗体尚未确认(图 1-4)。

目前事故具体原因并未公布,但据有关专业人士分析,公寓大楼坍塌可能有几个方面的影响因素:①大楼最下面一层的混凝土已经脱裂,出现了很大的裂缝,裂缝开裂到一定程度,支撑弱化,就会导致大楼突然坍塌。②大楼的地基出现了问题。此外,不均匀沉降也会引发坍塌风险,土质硬的部位下沉慢,土质软的部位下沉快,从而导致大楼受力不平衡而倒塌。

图 1-4 美国迈阿密公寓坍塌事故现场图

2. 上海莲花河畔景苑 7 号楼坍塌事故

2009 年 6 月 27 日 5 时 35 分左右,上海莲花河畔景苑 7 号楼开始整体由北侧向南侧车库基坑倾倒,30s 内整体倒下,倒塌后其整体结构基本没有遭到破坏,甚至其中的玻璃都完好无损,大楼底部的桩基则完全断裂(图 1-5)。由于倒塌的高楼尚未竣工交付使用,所以事故并没有酿成特大居民伤亡事故,但造成一名施工人员遇难。

房屋倾倒的主要原因:紧贴 7 号楼北侧短期内堆土过高,最高处达 10m;与此同时,紧邻大楼南侧的地下车库基坑正在开挖,开挖深度 4.6m,大楼两侧的压力差使土体产生水平位移,过大的水平力超过了桩基的抗侧能力,导致房屋倾倒。

3. 加拿大特朗斯康谷仓地基滑动事故

加拿大特朗斯康谷仓于 1911 年开始施工,1913 年秋完工。1913 年 9 月,谷仓开始装载谷物,装载过程中,工人仔细操作,使谷物均匀分布。同年 10 月,当装了 31 822 m^3 谷物时,谷仓 1h 内垂直沉降达 30.5cm,结构物向西倾斜,并在 24h 内谷仓倾倒,倾斜度离垂线达 26°53′。谷仓西端下沉 732m,东端上抬 1.52m(图 1-6)。

图 1-5 上海莲花河畔景苑 7 号楼坍塌事故现场图　　图 1-6 加拿大特朗斯康谷仓地基滑动事故现场图

经调查,谷仓地基滑动事故的主要原因为事先未对谷仓地基土层作勘察、实验与研究,采用的设计荷载超过地基土的抗剪强度。由于谷仓整体刚度较高,地基破坏后筒仓仍保持完整,无明显裂缝,因而使地基发生强度破坏而整体失稳。

三、水利工程事故

1. 意大利瓦伊昂拱坝水库事故

1963年10月9日22时39分,意大利瓦伊昂水库南坡一块巨大山体忽然发生滑坡,滑坡体在水库的东、西两处方向上产生了两个高达250m的涌浪,彻底冲毁了下游沿岸的1个市镇和5个村庄,造成1900余人在这场灾难中遇难,700余人受伤(图1-7)。

经综合分析,事故的原因有两个方面:①地质水文因素。河谷两岸发育两组卸荷节理,岩石层面倾向河床,加之发育有构造断层和古滑坡面等,左岸山体内形成一个大范围的不稳定岩体,其中有些软弱岩层,尤其是黏土夹层成为主要滑动面,对水库失事起了重要作用。②人为因素。地质勘察不充分,地质人员的素质不高,判断失误。

2. 法国马尔巴塞拱坝事故

法国马尔巴塞拱坝于1952年开工,1954年建成,初期蓄水较缓,历时4年尚未蓄满。1959年7月的测量结果表明,坝和坝基的位移值偏大,同年12月初连降大雨,库水位迅速上升,接近坝顶时(12月2日21时10分左右),大坝突然溃决失事,共遇难、失踪500余人,财产损失达300亿法郎(图1-8)。

经综合分析,大坝失事的主要原因有:①大坝的地质条件极为不利,坝址片麻岩在河床呈片状结构,其中含千枚岩,并含有较软夹层和细微裂隙,岩石的强度较低,承载力不高;②拱坝未设排水设施;③上游的库水渗入左岸地基中的一个大楔形体,由于下游缺乏排水设施,故扬压力增加,使左岸地基的滑裂岩体发生剪切破坏,由左岸的破坏引起右坝肩的破坏。

3. 美国圣弗朗西斯坝事故

圣弗朗西斯坝位于洛杉矶北面约72km的圣弗朗西斯魁特峡谷,建成于1926年。该水库为洛杉矶供水系统的一部分,蓄水近两年之后,于1928年3月5日实际蓄满。一周以后,大坝在午夜时分崩溃,事先无任何警告迹象。坝下洪峰流量估计高于14 150m³/s,该事故造成共约450人丧生(图1-9)。

图1-7　意大利瓦伊昂拱坝水库事故现场图　　图1-8　法国马尔巴塞拱坝事故现场图　　图1-9　美国圣弗朗西斯坝事故现场图

经综合分析,大坝失事的主要原因是:基础不稳,坝基软弱,岩层崩解,遭受冲刷和滑动。同时,设计和施工也有不少缺陷,不符合现代规范的相关要求。如未进行基础灌浆、坝基排水不完善、未检查廊道、未设收缩缝,设计时也未考虑坝底扬压力的影响等。

四、滑坡灾害事故

1. 秘鲁一偏远小镇山体滑坡

2022年3月15日,秘鲁北部安第斯山脉(Peruvian Andes)的一个偏远小镇在暴雨后发生山体滑坡,滑坡掩埋了80多座房屋,造成4人遇难,至少15人失踪(图1-10)。

经分析,导致这次滑坡的直接原因是连续的暴雨,间接原因是地震。频繁的地震造成边坡岩土产生松动,暴雨触发了滑坡。

2. 浙江丽水里东村山体滑坡

2015年11月13日22时50分许,浙江省丽水市莲都区雅溪镇里东村发生山体滑坡,滑坡体规模达30余万立方米,27户房屋被埋,26人遇难,11人失联(图1-11)。

图1-10　秘鲁一偏远小镇滑坡现场图　　　　图1-11　浙江丽水里东村
　　　　　　　　　　　　　　　　　　　　　　　　　　山体滑坡现场图

经分析,此次滑坡事故的发生是连续降雨、地质构造复杂、土壤不稳定性等多种因素综合作用的结果。

3. 重庆武隆鸡尾山滑坡

2009年6月5日15时许,重庆市武隆县铁矿乡鸡尾山发生大规模的崩滑破坏,约有$5.0×10^3 m^3$被结构面切割成"积土块"状的灰岩山体沿缓倾页岩软弱夹层发生整体滑动,事故导致74人遇难,8人受伤(图1-12)。

经相关人员分析,鸡尾山山体滑坡是在不利的地质结构条件下,并受到长期重力、岩溶等作用和采矿活动的影响,因前部起阻挡作用的关键块体被剪断突破而导致的一起大型山体崩滑事件。

图 1-12　重庆武隆鸡尾山滑坡现场图

五、地面塌陷灾害事故

1. 青海西宁公交站地面塌陷

2020年1月13日17时24分许,青海省西宁市城中区南大街红十字医院公交车站一辆17路公交车进站,上下乘客时路面突然压塌沉陷,致使公交车和车站部分人员坠入压塌沉陷坑内,造成9人遇难,1人失联,17人受伤,直接经济损失1 170.84万元(图1-13)。

专家组认为事故发生的主要原因有:①水土流失形成陷穴,路基承载力逐渐降低;②防空洞外壁与土体空洞为水土流失提供通道;③工程施工和车辆荷载反复作用造成路基承载力下降。

2. 广州地铁地面塌陷

2019年12月1日上午9时28分,广州市在建轨道交通11号线四分部二工区1♯竖井横通道上台阶喷浆作业区域上方路面,即广州大道北与禺东西路交界处出现塌陷,造成路面行驶的1辆清污车、1辆电动单车及车上人员坠落坑中,两车上共3人遇难,直接经济损失约2 004.7万元(图1-14)。

事故调查组通过深入调查和综合分析认定,事故直接原因是暗挖法施工遭遇特殊地质环境等因素,引发拱顶透水坍塌。间接原因为施工单位安全生产主体责任未落实,施工单位未采取有效的技术和管理措施及时消除事故隐患,监理单位安全管理人员未到位,项目总监长期空岗未任命,施工单位缺乏有效的应急联动机制。

3. 广州康王路地面塌陷

2013年1月28日,广州市荔湾区康王公交站地铁施工工地旁发生地面塌陷后陆续出现6次坍塌,有2栋共6间商铺坍塌,塌陷面积约690 m^2(图1-15)。

图1-13 青海西宁公交站地面塌陷事故现场图　　图1-14 广州地铁地面塌陷事故现场图　　图1-15 广州康王路地面塌陷事故现场图

广东省地质灾害防治专家詹松认为此次地面塌陷的原因有：①地质原因。古河道或风化深槽在厚层淤泥夹砂的地层中易引起水土流失从而引发地面塌陷；②危房原因。两层的旧房往往有上百年的历史，遇大雨易倒塌，地下施工引起水位下降，地层压缩固结加快引起地面下沉，房屋随之下陷；③工法原因。折返线施工不能采用盾构法，只能采用矿山法或明挖法。

六、地震诱发砂土液化灾害事故

1. 新西兰南岛砂土液化

2011年2月22日，新西兰南岛Christchurch发生了6.3级地震，场地液化和侧移最为严重，导致约15 000栋居民住宅、1000栋商业用房及若干桥梁、堤坝、地下生命线设施遭到严重的破坏（图1-16）。该次地震是有液化调查历史以来的大地震中第一个以液化为震害主因的地震。场地出现了大量的10~20m深层土液化，场地液化引起的建筑物破坏主要包括建筑物震陷及不均匀震陷。

2. 墨西哥砂土液化

1985年9月19日，墨西哥城发生了强烈地震，造成了大规模的砂土液化现象（图1-17）。地震震源距离城市较近，加上墨西哥城地质条件特殊，城市建立在湖泊留下的沉积物上，这些沉积物主要由砂土和黏土组成，因此在地震中土体出现液化现象。据估计，在这次事故中墨西哥城8000栋建筑物被毁，7000多人遇难，多达1.1万人受伤，30万人无家可归，经济损失达11亿美元。

3. 日本新潟砂土液化

1964年6月16日，日本新潟县南方近海40km发生7.5级大地震，并引发严重的土壤液化现象，包括涌砂、喷水、地层下陷、建筑物沉陷与倾斜、人孔与地下室上浮、桥墩下沉以及港湾、机场损毁（图1-18）。当时新潟新建的楼房考虑了抗震问题，整体性好，没有因地震而坍塌，但很多建筑却出现了地基失效、整体倾斜，有些虽然没有完全倾倒，倾斜度却超过了60°。这是日本与世界地震史上第一个以严重土壤液化灾害闻名的地震，当时拍摄的一些影像迅速传播至全世界,随之引起了世界工程地质领域对砂土液化的关注和深入研究。

图 1-16　新西兰南岛砂土　　　图 1-17　墨西哥砂土　　　图 1-18　日本新潟砂土
　　　　　液化现场图　　　　　　　　　　液化现场图　　　　　　　　　　液化现场图

第二节　岩土测试的意义与目的

岩土工程是土木工程的分支,是运用工程地质学、土力学、岩石力学的理论与方法,解决各类工程中关于岩石、土的工程技术问题的学科,内容包括岩土工程勘探、岩土工程设计、岩土工程治理、岩土工程监测、岩土工程检测等。

岩土工程测试是对岩土体的工程性质进行观测和度量,得到岩土体的各种物理力学指标的实验工作。随着现代化建设事业的飞速发展,各类建设工程呈现高、大、深、重的发展趋势,给岩土工程领域带来了新的发展契机,如一系列新理论及新设计方法的出现,同时也对岩土测试技术提出了更高的要求。

岩土测试具有以下作用:①确定场地的适宜性;②为岩土工程设计提供资料;③保证岩土工程或基础工程的顺利进行;④对建筑物进行长期监测,保证建筑物的正常运营;⑤对工程事故进行鉴定和论证。

发展岩土测试技术具有重要的意义,主要体现在以下几个方面:

(1)岩土测试技术推动了岩土工程理论的形成和发展。理论分析、室内外测试和工程实践是岩土工程分析的3个重要方面。岩土工程的许多理论是建立在实验的基础之上,如太沙基(Terzaghi)的有效应力原理建立在压缩实验中孔隙水压力测试的基础上,达西(Darcy)定律建立在渗透实验的基础上,剑桥(Cambridge)模型建立在正常固结黏土和超固结黏土三轴压缩实验的基础上。

(2)岩土测试技术是保证岩土工程设计合理可行的重要手段。随着经济社会的发展,工程实践中出现了更多、更复杂的岩土工程问题,需要运用创新的工程设计方法来解决问题。创新的设计方法要求测试技术不断发展、突破,提高岩土体物理力学参数的测试水平,进而保证岩土工程设计的合理、经济、可行。

(3)岩土测试技术是岩土工程施工质量与安全的重要保障。现场测试已成为岩土工程施工,特别是大型岩土工程信息化施工中不可分割的重要组成部分。监测技术在基坑工程、桩基工程、边坡工程、地下工程、路基工程等的施工中发挥着越来越重要的作用。

（4）岩土测试技术是保证大型重要岩土工程长期安全运行的重要手段。在重大岩土工程的运营过程中，如地质条件复杂的越江海隧道、大型地下空间、大型高陡边坡、高速铁路路基等工程需要在运营期间，对岩土工程及其结构的变形、受力、渗流、沉降等进行长期监测，以保证其运营期间的安全，避免重大工程事故的发生。

第三节　岩土测试的分类

岩土测试技术一般分为室内实验技术、原位测试技术和现场监测与检测技术3个方面，在整个岩土工程中占有特殊且重要的地位。

一、室内实验技术

室内岩土测试既可以用原状样也可以用扰动样，既可以开展理想条件下的实验也可以开展极端状态下的实验，在一定程度上容易满足理论分析的要求。室内实验主要包括土的物理力学指标室内实验、岩土的物理力学指标室内实验、利用相似材料完成的岩土工程模型实验和采用数值方法完成的数值仿真实验。

（1）土的物理力学指标室内实验主要包括土的含水量实验、土的密度实验、土的颗粒分析实验、土的界限含水量实验、相对密度实验、击实实验、回弹模量实验、渗透实验、固结实验、黄土湿陷实验、三轴压缩实验、无侧限抗压强度实验、直剪实验、反复直剪强度实验，这些实验在一般的土质学、土力学实验室均可开展。除此之外，还有针对膨胀土的自由膨胀率实验、膨胀率实验、膨胀力实验，针对冻土的冻结温度实验、冻土导热系数实验、冻土未冻含水率实验、冻胀率实验、冻土融化压缩实验，针对粗颗粒土的相对密度实验、粗颗粒土击实实验、粗颗粒土渗透及渗透变形实验、粗颗粒土固结实验、粗颗粒土三轴蠕变实验、粗颗粒土三轴湿化变形实验等。土的化学实验主要包括土的化学成分实验、酸碱度实验、易溶盐实验、阳离子交换量实验等。

（2）岩石的物理和力学实验主要包括岩块的含水率实验、颗粒密度实验、块体密度实验、吸水性实验、膨胀性实验、耐崩解性实验、单轴抗压强度实验、冻融实验、三轴压缩强度实验、抗拉强度实验、直剪实验、点荷载强度实验以及岩体的变形实验、强度实验、声波测试、应力测试。岩石的化学实验主要包括岩石的化学成分实验、酸碱度实验。

（3）岩土工程模型实验主要采用相似理论，用与岩土工程原型力学性质相似的材料，按照几何常数缩制成室内模型，在模型上模拟各种加载和开挖过程，研究岩土工程的变形和破坏等力学现象。除此之外，离心模型实验作为一项物理模拟技术，已经应用到岩土工程的所有领域，其优点是能以原材料模型为基础，在原型应力状态下显示出岩土体变形的全过程，可较真实地模拟出岩土体的应力应变本构关系。

（4）数值仿真实验利用计算机进行岩土工程问题的研究，具有可以模拟大型岩土工程、模拟复杂边界的条件、成本低、精度高等特点。岩土工程数值仿真实验主要方法包括有限元法、离散元法、边界元法、有限差分法、不连续变形法、颗粒流法、无单元法等。

二、原位测试技术

原位测试可以最大限度地减小实验前对岩土体的扰动,避免扰动对实验结果的影响。原位测试结果可以直接反映岩土材料的物理力学状态,更接近工程实践的实际情况。同时,对于某些难以采样进行室内测试的岩土材料(如承受较大固结压力的砂层),原位测试是必需的。在原位测试方面,地基中的位移场、应力场测试,地下结构表面的土压力测试,地基土的强度特性及变形特性测试等是研究的重点。原位测试技术可以分为土体的原位测试技术和岩体的原位测试技术两大类。

(1)土体的原位测试技术主要包括载荷实验、静力触探实验、动力触探实验、标准贯入实验、十字板剪切实验、旁压实验、现场剪切实验、地基土动力特性原位测试实验、场地土波速测试、场地微震观测、循环荷载板实验、地基土刚度系数测试、振动衰减测试、渗透实验等。

(2)岩体的原位测试技术主要包括地应力测试、弹性波测试、回弹实验、岩体变形实验、岩体强度实验等。其中地应力是存在于地层中的未受工程扰动的天然应力,也称原岩应力,它是引起地下工程开挖变形和破坏的根本作用力。地应力测试的结果对地下工程洞室和巷道的合理布置、地下洞室围岩稳定性数值分析和地下工程支护设计方案的优化设计具有重要意义,应引起充分重视。

三、现场监测与检测技术

现场监测技术是随着大型复杂岩土工程和信息技术的出现而逐渐发展起来的。在高陡边坡工程、大型水利水电工程、城市轨道交通工程、大型城市地下空间开发、大断面盾构隧道工程中,由于传感器技术的发展和信息技术的普及,现场监测已成为保证岩土工程安全施工、运营的重要手段之一。按岩土工程开展监测的时间,现场监测可分为施工期监测和运营期监测;按建筑物的类型,现场监测可分为边坡监测、基坑监测、地铁监测、建筑物监测、地下洞室监测等;按监测物理量的类型,现场监测可分为变形监测、应力应变监测、水位水质监测、温湿度监测、振动监测等。现场检测技术包括对岩石、土体、地下水和各种基础的检测技术。

第四节　岩土测试技术发展现状与展望

一、岩土测试技术的发展现状

随着现代化科学技术的发展,现代测试技术较传统机械式的测试技术已发生了根本性的变革,在符合岩土力学理论和满足工程要求的前提下,电子计算机技术、电子测量技术、光学测试技术、航测技术、电磁场测试技术、声波测试技术、遥感测试技术等先进技术在岩土测试技术中得到了广泛应用,进而推动了岩土测试技术的快速发展,更先进、精密的测试设备相继问世，使测试结果的可靠性、可重复性得到很大的提高。经过多年的发展，岩土测试技术的主要进展如下：

(1)测试方法和实验手段不断更新。岩土测试技术与现代科技结合，一些传统测试方法得以改进。如近年来，采用原位测试技术确定土工参数在国内外普遍受到重视。该方法特别适用于确定深层土和难以取土样(如砂土、卵砾石等)或难以保证土样质量的土的土工参数。岩土工程物探技术通过探测对象与其周围介质间的物性差异(电性、避性、波速、温度等)，目前广泛应用于工程地质勘察及工程质量鉴定与检测中。表面水平位移观测采用全站仪，深层侧向位移观测出现了梁式倾斜仪，分层沉降观测中开始采用磁环式沉降仪等，实验手段得到不断更新。

(2)大型工程的自动监测系统不断出现。软基加固、公路路基、基坑支护等工程现场监测很多采用了先进的实时自动化监测，如多通道无线遥测隧道围岩位移系统已应用于工程实践，基于地理信息系统(GIS)和可视化技术的大型边坡安全监测系统已经有了成功的应用等。

(3)一系列新型技术应用于岩土测试中。如国内外已有将光纤测试技术应用于岩土工程现场监测中的实例。光纤布拉格光栅传感器已经应用于深基坑钢筋混凝土内支撑应变监测。大测距的分布式光纤技术开始实现由点到线的监测，甚至可以完成重大工程的三维在线监测。声发射技术在岩体监测预警、地应力测试等领域得到了广泛应用。此外，瞬变电磁仪、红外成像仪、近景摄影测量技术、地质雷达等新型技术探测精度高、抗干扰能力强，正逐渐成为岩土工程勘察及监测预警中不可或缺的技术手段。

(4)监测数据的分析和反馈技术发展迅速。基于物联网技术的岩土工程安全监测系统能够可靠方便、高效快捷地实现岩土工程安全监测自动化和无损化，是近年来逐渐兴起的新型监测技术。先进的三维地质建模软件、数据库系统、数据挖掘和专家系统等正在被逐步应用。人工神经网络技术、时间序列分析、灰色系统理论、因素分析法等数据处理技术得到了广泛应用。岩土工程反分析研究取得了重要进展，反分析得到的综合弹性模量等参数成为岩土工程围岩稳定性数值模拟分析的重要基础，在岩土工程信息化施工中发挥了巨大作用。岩土工程施工监测信息管理、监测预警系统的发展成绩显著。

(5)第三方监测得到日益推广和认可。实施城市地下工程施工第三方监测是保证施工安全和工程质量十分重要的举措，有效地避免了施工过程中可能发生的事故。此外，对于城市地铁工程、跨海基础设施等重大岩土工程问题，监测不仅需要在施工过程中开展，还需要在运营过程中进行，岩土工程运营期间长期健康监测系统的建立和研究已经发展为岩土工程领域的重要课题之一。

二、岩土测试技术的展望

随着岩土工程规模的不断增大，岩土测试技术在未来的发展中将会融合大数据、人工智能(AI)、深度学习、数字孪生和非接触测量等先进技术，以进一步提高测试效率和数据分析的准确性，实现全面数字化和智能化。

(1)大数据应用。随着传感器和监测设备的普及，岩土测试过程中会产生大量的数据，包括土壤和岩石的力学性质、水文地质参数、地下水位等。通过大数据分析和挖掘技术,可以从庞大的数据中提取出有价值的信息,优化测试流程和结果分析,提高测试效率和准确性。

(2)人工智能与深度学习。人工智能和深度学习技术可以在岩土测试中发挥重要作用。通过训练神经网络模型,可以实现自动化的数据处理和分析,自动识别和分类土壤与岩石的特性,预测工程结构的性能和稳定性,优化工程设计和施工方案。

(3)数字孪生技术。数字孪生是将实际物理系统与其数字模型相结合,实现实时监测和仿真分析的技术。在岩土测试中,通过建立岩土体的数字孪生模型,可以实时监测和评估岩土体的变形、应力和稳定性,为工程安全提供预警和优化建议。

(4)非接触测量技术。传统的岩土测试往往需要进行接触式测试,包括钻孔取样、标准贯入实验等。而非接触测量技术可以通过激光扫描、雷达和摄像等方式,实现对土壤和岩石性质的快速测量与分析,避免了样品的破坏和损失,同时提高了测试的精度和效率。

这些新技术的引入将推动岩土测试技术的发展,促进岩土工程领域的创新和进步。

第二章　螺旋板载荷实验

第一节　概　述

载荷实验(loading test,简称LT)是在现场用一个刚性承压板逐级加荷,测定天然地基或复合地基的沉降随荷载的变化,借以确定它们的承载力和变形模量的现场实验。载荷实验也可用来测试单桩承载能力,但本章主要涉及天然地基的载荷实验。地基土载荷实验是一种最古老的地基土原位测试技术,它基本上能够模拟建筑物地基的实际受荷条件,比较准确地反映地基土受力状况和变形特征,是直接确定地基土或复合地基以及地基土和复合地基变形模量等参数的最可靠方法,也是其他原位测试方法测得的地基土力学参数建立经验关系的主要依据。

螺旋板载荷实验(screw plate load test,简称SPLT)是载荷实验的一种,适用于深层地基或地下水位以下的土层。首先将螺旋板旋入地下预定深度,通过传力杆向螺旋板施加竖向荷载,同时量测螺旋板沉降,测定土的承载力和变形特性。螺旋板载荷实验是由常规的平板载荷实验演变发展而来的,该实验最初是从挪威技术学院Janbu等提出并研制的现场压缩仪开始的,适用于深层或地下水位以下难以采取原状土试样的砂土、粉土和灵敏度高的软黏性土。当板的埋深较浅时,按浅层考虑;当埋深较深时,按深层考虑。载荷实验因直观、实用在岩土工程实践中广为应用。必须指出的是,由于载荷实验一般采用缩尺模型,而土力学中的承载力并不是地基土的固有特性,而是与基础相关的一个概念,所以对实验影响土层范围及尺寸效应应充分估计,载荷实验成果应与其他测试方法得到的结果对比综合分析,并结合地区经验与场地特点将实验成果应用于岩土工程分析评价。

螺旋板载荷实验可用于以下目的:①确定地基土的比例界限压力、极限压力,为评定地基上的承载力提供依据;②确定地基土的变形模量;③估算地基土的不排水抗剪强度;④确定地基土的基床系数;⑤估算地基土的固结系数。

第二节　实验的基本原理与仪器设备

螺旋板载荷实验是将螺旋型承压板旋入地下实验深度,通过传力杆对螺旋板施加荷载,观测螺旋板的沉降,以获得荷载-沉降-时间关系,然后根据理论公式或经验关系式获得地基土参数的一种现场测试技术。通过螺旋板实验可以确定地基土的承载力、变形模量、基床系数和固结系数等参数。螺旋板旋入土中会引起一定的土体扰动,但如适当选择轴径、板径、螺距等参数,并保持螺旋板板头的旋入进尺与螺距一致及保持与土接触面光滑,可使对土体的扰动减小到合理的程度。螺旋板载荷实验的实验设备包括加荷装置、反力装置、测力及沉降观测系统三部分,图2-1为YDL型螺旋板载荷实验装置简图。其中承压板是指旋入地下的螺旋板,要求螺旋承压板应有足够的刚度,其板头面积应根据土层的软硬程度选用100cm²、200cm²和500cm²(对应板头直径分别为113mm、160mm和252mm)。

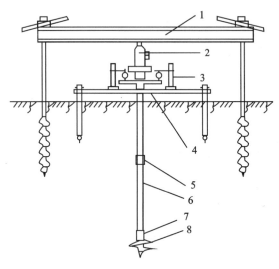

1. 横梁;2. 千斤顶;3. 百分表及表座;4. 基准梁;5. 立柱;
6. 传力杆;7. 力传感器;8. 螺旋板。

图2-1 YDL型螺旋板载荷实验装置简图

第三节 实验技术要求

一、实验前的准备工作

(1)核查板头传感器标定卡,螺旋板几何尺寸应符合设计要求,且无损伤、板面光滑,检查百分表、液压千斤顶、计时电子秒表及记录仪等设备的完好性。

(2)将螺旋板的方榫插入板头传感器下端的方孔中,上下活动自如后,用一根直径约3mm的软金属丝(铝丝或保险丝)插入连接好的销孔中,使螺旋板与板头连成一体。

二、实验设备安装

(1)平整场地,然后用下锚机或人力旋下4个反力地锚和2个固定沉降支架的小地锚,并安装相应的组装件,对工字大梁、千斤顶座、表座托板均应用水平尺校准。

(2)根据测试深度的需要接好传力杆。若用电测式板头,应按传力杆连接顺序依次穿好电缆,并与传感器和螺旋板连成一体,检查信号输出是否正常,然后将板头旋到既定测试深度,并保持传力杆的垂直状态。

(3)调整好传力杆顶部至荷载大梁间的垂直距离,使其恰好能安装加压部件(液压千斤顶、顶头、顶座等),先在传力杆上固定沉降支板,然后将加压部件安装就位,并保持整体传力系统的垂直度,避免偏压。

(4)在沉降观测支架上装好磁性表座及百分表,调整百分表量测头与沉降支板接触的距离,使百分表指针对零。

(5)若为电测表头,需按规定预热、调零,然后量测。仪器应置于干燥地点,严禁曝晒与碰撞。

三、实验方法

(1)需同时测定地基土的排水变形模量及承载力时,应采用慢速法实验。

(2)仅需测定地基承载力时,可使用快速法实验。

四、实验工作要求

(1)按不同实验方法要求进行操作。

(2)实验点应在静力触探了解地层剖面后布置,同一实验孔在垂直方向上的实验点间距宜为1m。土质均匀、厚度较大时,点间距可取2~3m。

(3)实验孔测试完成后,将传力杆和传感器拔出地面,弃螺旋板于孔内。

五、实验终止情况

(1)荷载不变,24h内沉降速率几乎不变。

(2)荷载增加很小,但沉降急剧增大,p(实验施加的荷载)-s'(与实验施加荷载对应的沉降)曲线上出现陡降段。

(3)相对沉降值 s'/b(承压板的宽度)>0.1。

第四节　实验操作步骤

(1)在所需进行实验的位置钻孔,当钻至实验深度为20~30cm处停止钻进,清除孔底受压或受扰动土层。

(2)将螺旋板连接在传力杆上旋入土层,螺旋板入土时,应按每转一圈下入一个螺距进行操作,减少对土的扰动。螺旋板与土层的接触面应加工光滑,可使对土体的扰动大大减少。

(3)在测试点周围将反力锚旋入周边土层,固定好反力梁,安装油压千斤顶与反力装置及测读承压板位移的两个百分表,确保测读准确。将测力传感器连接线与数显仪正确连接并调校正确。

(4) 用油压千斤顶对载荷板分级加压，砂土、中低压缩性的黏性土、粉土宜采用每级 50kPa，高压缩性土宜采用每级 25kPa。第一级荷载可视土层性质适当调整。一般情况下砂类土为 100kPa，黏性土为 50kPa，高压缩性土为 25kPa。

(5) 每级加荷后，间隔时间按 10min、10min、10min、15min、15min，以后每隔半小时读一次承压板沉降量，当连续两小时且每小时沉降量小于 0.1mm 时，则达到相对稳定标准，可施加下一级载荷。

(6) 满足下列条件时可终止加载：①沉降量急骤增大，荷载-沉降曲线上有可判定极限承载力的陡降段，且沉降量超过 0.06d（d 为承压板直径）；②某级荷载下 24h 沉降速率不能达到相对稳定标准；③出现本级荷载的沉降量大于前级荷载沉降量的 5 倍；④当持力层坚硬、沉降量很小时，最大加载量不小于设计要求的 2 倍。

(7) 位移量测的精度不应低于 ±0.01mm；荷载量测的精度不应低于最大荷载的 ±1%；同一实验孔在垂直方向的实验点间距应大于 1m，以保证实验的准确性。

第五节 实验数据整理与分析

一、实验数据整理要求

1. 慢法

(1) 根据实测数据绘制 p-s' 曲线。当 p-s' 曲线的前段呈直线且不过坐标原点时[图 2-2(a)中曲线 2 所示形态]，应先求得该段直线的斜率 c 和截距 s_0，然后对比例界限（即第一拐点 A）以前各点的沉降值按 $s = cp$ 进行修正；对比例界限以后各点的沉降值按 $s = s' - s_0$ 修正。

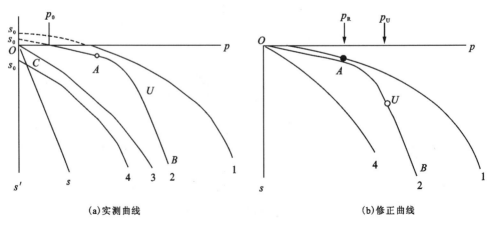

图 2-2 荷载-沉降曲线

(2)当整个 p-s' 曲线呈圆弧形时[图 2-2(a)中曲线 1 及曲线 3],可用双曲线法拟合：

$$p = s/(a + b's) \tag{2-1}$$

$$s = s - s_0 \tag{2-2}$$

式中：s_0 为沉降修正量；a、b' 分别为曲线拟合参数,亦即回归直线的截距、斜率,曲线拟合时,应试取 s_0 值达最佳拟合为止。

(3)当 p-s' 曲线呈反弯形时[图 2-2(a)中曲线 4],对反弯点 C 以后的实测数据,可按上述双曲线法拟合,也可按式(2-3)的三点法拟合,取二者中精度较高者进行整理：

$$s_0 = 3s'_1 - 3s'_2 + s'_3 \tag{2-3}$$

式中：s'_1、s'_2、s'_3 分别为反弯点 C 以后对应于荷载力 p_1、p_2、p_3 的实测沉降。p_1、p_2、p_3 应符合下列条件：

$$p_3 - p_2 = p_2 - p_1 \tag{2-4}$$

(4)根据修正后的数据绘制 p-s 曲线[图 2-2(b)],必要时尚应绘制 $\lg p$-$\lg s$、p-$\Delta s/\Delta p$ (Δp 为荷载增量，Δs 为沉降增量)、s-$\sqrt{t}$ 或 s-$\lg t$ 等曲线。

2. 快法

(1)按外推法推算出各级荷载下沉降速率达到慢法相对稳定标准时所需要的时间和相应的沉降。

(2)根据推算的沉降按本条(1)进行修正。

二、曲线特征值确定方法

当 p-s' 曲线如图 2-2(a)曲线 2 所示的形态时,曲线上各特征值应按下列方法确定：

(1)初始压力 p_0。p-s' 曲线初始直线与 p 轴的交点。p-s' 曲线上无明显直线段时,为过曲率最大点所作前段曲线的切线与 p 轴的交点。p_0 可视为土层原位上覆压力。

(2)临塑压力 p_F。p-s' 曲线的初始直线段终点(即第一拐点 A)对应的压力。

(3)极限压力 p_L。p-s'' 曲线末尾直线段起点(即第二拐点 U)对应的压力。

三、地基基本承载力 σ_0 确定方法

(1)拐点法。取临塑压力 p_F 为 σ_0,此法适用于具有初始直线段的 p-s 曲线。

(2)相对沉降法。在 p-s 曲线上取 s/b 值所对应的压力为 σ_0。对低压缩性土和砂土,可取 $s/b = 0.015$；对中、高压缩性土可取 $s/b = 0.02$。此法适用于圆弧型 p-s 曲线。

(3)极限荷载法。由 p-s 曲线上所得的极限承载力 p_u 除以安全系数作为基本承载力。

四、极限承载力 p_u 确定方法

(1)第二拐点法。用 p-s 曲线或 $\lg p$-$\lg s$、s-$\lg p$ 等曲线的第二拐点压力 p_L 确定为 p_u。

(2)相对沉降法。取 $s/b = 0.10$ 所对应的压力为 p_u。

(3)双曲线法。

$$p_u = R_f p_f \quad (2-5)$$
$$p_f = 1/b' \quad (2-6)$$

式中：p_f 为破坏荷载；b' 为由式(2-1)得到的曲线拟合参数；R_f 为破坏比，可按表 2-1 取值。

表 2-1 破坏比取值

岩土名称	软土、松散砂类土、粉土	软—硬塑黏性土、稍密—中密砂类土	坚硬黏性土、密实砂类土	碎石类土、软岩、风化岩
R_f	0.90～0.80	0.85～0.75	0.80～0.70	0.75～0.65

五、土的变形模量 E_0 确定方法

土的变形模量 E_0 确定方法如下：

$$E_0 = w I_1 I_2 (1-u^2) b p_F / s_F \quad (2-7)$$
$$I_1 = 0.5 + 0.23 b/z \quad (2-8)$$
$$I_2 = 1 + 2\mu^2 + 2\mu^4 \quad (2-9)$$

式中：w 为螺旋板形状系数，可取 0.79；I_1 为螺旋板埋深 z 的修正系数；I_2 为与泊松比有关的修正系数；b 为螺旋板板径；p_F 为临塑压力；s_F 为对应于临塑压力 p_F 的沉降；μ 为土的泊松比。

第六节 工程案例分析

一、工程实例

深圳地铁 2 号线一期工程西起蛇口车辆段，沿线穿过蛇口老城区、规划填海发展区、高新技术园区和世界之窗旅游景区，在世界之窗站与 1 号线接驳，12 站 12 区间线路总长度 13.40km，全部为地下线。全线 2/3 位于填海区，填土厚度一般为 6～8m，其下为海积淤泥、淤泥质砂、冲洪积黏土、砾砂、残积砾(砂)质黏土。全线主要穿越层、持力层均为花岗岩残积土，对其力学性质研究具有特别意义。工程投资估算 55.90 亿元。花岗岩残积土颗粒成分具有"两头大、中间小"的特点，即颗粒成分中，粗颗粒(>2mm)的组分及颗粒小的组分(<0.005mm)含量较高，而介于其中的颗粒组分则较少，这种独特的组分特征使其既具有砂土的特征，也具有黏性土的特征。残积土厚度较大，沿线一般为 10.20m，最厚达 40m。根据风化残积土的力学性质，根据螺旋板载荷实验，结合标准贯入实验强度将花岗岩残积土分为两带：$p<450$kPa(修正后标贯击数 $N<15$ 击)时，划分为可塑状残积土(⑧$_2$)；$p_t \geq 150$kPa (修正后标贯击数 $15 \leq N < 30$ 击)时，划分为硬塑状残积土(⑧$_3$)。

二、螺旋板荷载实验结果

对该实例进行了大量实验，其数据统计结果见表 2-2。

表 2-2 深圳地铁 2 号线一期工程深层螺旋板载荷实验数据统计表

项目统计	层号	指标名称						
		p_F	p_L	p_U	Δp	s/mm	σ_0	E_0
最小值	⑧$_2$	320	400	400	0.32	4.68	200	15.18
最大值		440	540	540	0.44	11.60	270	37.63
平均值		371	485	485	0.37	7.30	243	23.53
标准差		32.26	46.82	46.82	0.03	1.75	23.41	5.66
变异系数		0.09	0.10	0.10	0.09	0.24	0.10	0.24
标准值		354	460	460	0.35	6.38	230	20.56
最小值	⑧$_3$	400	570	570	0.40	5.69	285	16.04
最大值		560	800	800	0.56	13.86	400	35.58
平均值		473	655	655	0.47	11.07	327	19.83
标准差		46.14	63.15	63.15	0.05	2.42	31.58	5.47
变异系数		0.10	0.10	0.10	0.10	0.22	0.10	0.28
标准值		447	620	620	0.45	9.74	310	16.81

注：①p_0. 初始压力(kPa)；p_F. 临塑压力(kPa)；p_L. 极限压力(kPa)；p_U. 极限承载力(kPa)；σ_0. 地基基本承载力(kPa)；E_0. 变形模量(MPa)。②⑧$_2$ 统计件数为 12 件，⑧$_3$ 统计件数为 11 件。

结合室内土工实验、标准贯入实验、双桥静力触探实验、重型动力触探实验、深层螺旋板实验、旁压实验、K_{30} 载荷实验等多种方法，综合求出地基承载力特征值 f_{ak}、变形模量 E_0，详见表 2-3。

表 2-3 深圳地铁 2 号线一期工程各工法求取地基承载力特征值 f_{ak}、变形模量 E_0 汇总表

地层编号	岩土名称	土层参数	室内土工实验	标准贯入实验	双桥静力触探	重型动力触探	深层螺旋板实验	旁压实验	K_{30} 载荷实验	实际采用值
⑧$_2$	砾(砂)质黏土	f_{ak}/kPa	230	280	280	300	211	200	256	220
		E_0/MPa		20.4	20.4	22.8	20.6	15.4	19.3	20.0
⑧$_3$	砾(砂)质黏土	f_{ak}/kPa	264	350	350	350	281	329		250
		E_0/MPa		31.7	30.0	24.2	16.8	19.5		24.0

由表 2-3 对比、分析可以看出，深层螺旋板载荷实验求得的地基承载力特征值 f_{ak}、变形模量 E_0 与实际 K_{30} 实验值十分接近，说明深层螺旋板载荷实验是一种比对、分析求取 K_{30} 实验值的适合方法。同时，这也验证了此方法是有效的、可行，数据是可信、可靠的。

第三章 基桩自平衡静载实验

第一节 概 述

基桩自平衡法静载实验是将千斤顶放置在桩的底部或下部,连接测量位移及与施压有关的装置于桩顶部,待混凝土养护到标准龄期后,通过顶部高压油泵给底部或下部荷载箱施压向上顶桩身的同时,向下压桩底,使桩的摩阻力和端阻力互为反力,分别得到荷载-位移曲线,叠加后得到桩顶的承载力和位移管线的 $Q-s$ 曲线。自平衡静载实验是一种基于在桩基内部寻求加载反力的静荷载实验方法,适用于黏性土、粉土、砂石岩层中的钻孔灌注桩、人工挖孔桩、沉管灌注桩、水上试桩、坡地试桩、基坑底试桩、狭窄场地试桩、斜桩、嵌岩桩、抗拔桩等。

作为我国在岩土工程施工中引进的先进桩基静载实验科学方法,由于能满足各种不同地质条件下的桩基静载实验,桩基自平衡静载实验具有安全、准确、可靠的特点,且其方法独特、操作简便,可用于检验试桩极限承载力是否满足设计要求。基桩自平衡静载实验检测技术是基桩静载实验方法的一种积极尝试与开拓,正成为我国高速公路、铁路、高层建筑、近海建筑物等岩土工程施工中的通行检测方法。

基桩自平衡静载实验目的:

(1)试桩静载。为确定承载力设计值提供依据。加载至桩侧及桩端的岩土阻力达到极限状态;当桩的承载力由桩身强度控制时,可按设计要求的加载量进行加载。

(2)工程桩静载。检测工程桩承载力是否达到设计要求。通过现场实验的方法,检测地基基础在预估(设计)荷载作用下达到破坏状态前或者出现不适于继续承载变形时所对应的最大荷载。

第二节 实验的基本原理与仪器设备

一、实验的基本原理

基桩自平衡静载实验是目前基桩静载检测中的一种较新的检测方法。采用自平衡法基桩静载检测的原理是在基桩施工阶段,把一种特制的加载装置——荷载箱,预先放置在桩身指定位置,同时将荷载箱的高压油管和位移杆引到地面(平台)。测试时由高压油泵通过输压管对荷载箱充油加压，从而使荷载箱处自动产生上部桩身向下的摩擦力和荷载箱处下部桩身向上的摩擦力以及桩端阻力，通过对上段桩的摩擦力和下段桩的摩擦力以及桩端阻力相平衡的维持加载，再根据加载时所得到的两条荷载-位移曲线（即向上、向下的 $q-s$ 和 $s-\lg t$ 曲线）来确定基桩的承载力。

二、仪器设备

与传统的堆载法和锚桩法不同，自平衡试桩法是接近于竖向抗压桩实际工作条件的一种试验方法，是将一种特制的专利加载设备——荷载箱（主要由活塞、上底板、下底板和箱壁四部分组成），与钢筋笼相接，埋入桩的指定位置，并将高压油管和位移钢筋（或位移钢丝绳）一起引到地面。试验时，在地面通过油泵对荷载箱内腔施加压力，随着压力增加，荷载箱上下底板被推开，产生向上与向下的推力，从而调动桩周土侧阻力与桩端阻力的发挥，直至最后破坏。

在进行基桩检测之前，需根据桩的具体吨位、桩基、孔深等一系列数据提前准备相应的适合试验的荷载箱（图 3-1）。在灌注混凝土之前，将荷载箱和钢筋笼焊接在一起，然后一起埋入桩内的相应位置，最后灌注混凝土（图 3-2）。通过顶部油泵（图 3-3）给底部荷载箱施压，模拟基桩实际受到的荷载情况。

图 3-1　荷载箱　　　　　图 3-2　装置组合图　　　　　图 3-3　油泵

目前，桩承载力自平衡测试中荷载箱顶、底板位移的量测主要有位移钢筋法（图 3-4）、位移钢丝绳法（图 3-5）。

常规的荷载量测装置为油压表，目前市场上用于静载实验的油压表量程主要有 25MPa、40MPa、60MPa、100MPa，应根据千斤顶的配置和最大实验荷载要求，合理选择油压表。最大实验荷载对应的油压不宜小于压力表量程的 1/4，避免"大秤称轻物"。同时，为了延长压力表的使用寿命，最大实验荷载对应的油压不宜大于压力表量程的 2/3。压力传感器和采用荷重传感器同样存在量程与精度问题，一般要求传感器的测量准确度应优于 0.5%。压力表、压力传感器和荷重传感器如图 3-6 所示。位移量测装置主要由基准桩、基准梁和百分表或位移传感器（图 3-7）组成。

图 3-4 位移钢筋法

图 3-5 位移钢丝法

压力表

压力传感器

荷重传感器

图 3-6 荷载测试系统

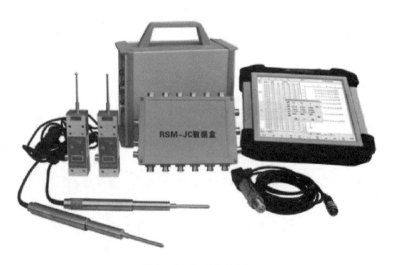

图 3-7 位移传感器

第三节 实验技术要求

一、实验技术规定

(1) 自平衡静载实验的检测数量应满足设计要求,不应少于同一条件下桩基分项工程总桩数的 1‰,且不应少于 3 根;当总桩数小于 50 根时,检测数量不应少于 2 根。
(2) 自平衡静载实验最大加载值应满足设计对单桩极限承载力的检测与评价要求。
(3) 大直径灌注桩自平衡检测前,应先进行桩身声波透射法完整性检测,后进行承载力检测。
(4) 工程桩承载力检测应给出受检桩的承载力检测值,并应评价单桩承载力是否满足设计要求。
(5) 当单桩承载力不满足设计要求时,应分析原因,并经工程建设有关方确认后扩大检测。
(6) 工程桩承载力实验完毕后应在荷载箱位置处进行注浆处理。

二、实验方法

自平衡静载实验应采用慢速维持荷载法。

三、检测工作程序

检测工作宜按接受委托、资料收集、方案制定、设备安装与成桩、现场检测、数据分析和结果评价、检测报告的程序进行。

检测机构应根据收集的资料制定检测方案,检测方案宜包含下列内容:
(1) 工程概况、地基条件、桩基设计要求、施工工艺、检测数量、受检桩选取原则。
(2) 荷载箱的规格、数量、埋设位置和最大加载值。
(3) 受检桩的施工要求、检测进度以及所需的机械或人工配合。

检测开始时间应符合下列规定:
(1) 混凝土强度不应低于设计强度的 80%。
(2) 土体休止时间不应少于表 3-1 中所示时间。

表 3-1 土体休止时间

土的类别		休止时间/d
砂土		7
粉土		10
黏性土	非饱和	15
	饱和	25

(3)当采用后注浆施工工艺时,注浆后休止时间不宜少于20d。

四、检测报告内容

检测报告应包含下列内容:

(1)委托方名称,工程名称、地点、建设、勘察、设计、监理和施工单位,基础、结构形式,层数,设计要求,检测目的,检测依据,检测数量,检测日期。

(2)地基条件描述、相应的地质柱状图。

(3)受检桩的桩型、尺寸、桩号、桩位、桩顶标高、荷载箱参数、荷载箱位置以及相关施工记录。

(4)加、卸载方法,检测仪器设备,检测过程描述及承载力判定依据。

(5)受检桩的检测数据表、结果汇总表和相应的曲线。

(6)当进行分层侧阻力和端阻力测试时,应包括传感器类型、安装位置、轴力计算方法、各级荷载下桩身轴力变化曲线、各土层的桩侧极限侧阻力和桩端阻力。

(7)与检测内容相应的检测结论。

五、实验设备安装规定

荷载箱的埋设位置应符合下列规定:

(1)当受检桩为抗压桩,预估极限端阻力小于预估极限侧摩阻力时,应将荷载箱置于桩身平衡点处。

(2)当受检桩为抗压桩,预估极限端阻力大于预估极限侧摩阻力时,可将荷载箱置于桩端,并在桩顶采取一定量的配重措施。

(3)当受检桩为抗拔桩时,荷载箱应置于桩端,下部提供的反力不够维持加载时,可采取加深桩长或后注浆措施。

(4)当需要测试桩的分段承载力时,可布置双层荷载箱,埋设位置应根据检测要求确定。

荷载箱的连接应符合下列规定:

(1)荷载箱应平放于桩身的中心,荷载箱位移方向与桩身轴线夹角不应大于1°。

(2)对于灌注桩,实验荷载箱安装中,导向钢筋一端宜与环形荷载箱内圆边缘处焊接,另一端宜与钢筋笼主筋焊接;导向钢筋的数量和直径宜与钢筋笼主筋相同;导向钢筋与荷载箱平面的夹角宜大于60°。荷载箱的顶部和底部应分别与上下钢筋笼的主筋焊接在一起,焊缝应满足强度要求。

(3)对于预制混凝土管桩和钢管桩,荷载箱与上、下段桩应采取可靠的连接方式。

位移杆(丝)与护套管应符合下列规定:

(1)位移杆应具有一定的刚度,确保将荷载箱处的位移传递到地面。

(2)保护位移杆(丝)的护套管应与荷载箱焊接,多节护套管连接时可采用机械连接或焊接方式,焊缝应满足强度要求,并确保不渗漏水泥浆。

(3)当护套管兼作注浆管时,尚应满足注浆管的要求。

基准桩和基准梁应符合下列规定：

（1）基准桩与受检桩之间的中心距离不应小于3倍的受检桩直径，且不应小于2.0m；基准桩应打入地面以下足够的深度，不宜小于1.0m。

（2）基准梁应具有足够的刚度，梁的一端应固定在基准桩上，另一端应简支于基准桩上。

（3）固定和支撑位移传感器的夹具及基准梁应减小受气温、振动及其他外界因素的影响，当基准梁暴露在阳光下时，应采取有效措施。

第四节 实验操作步骤

（1）灌注成桩。加载装置——荷载箱在混凝土浇筑之前和钢筋笼一起埋入桩内相应的位置，将加载箱的加压管以及所需的其他测试装置从桩体引到地面，然后灌注成桩。

（2）荷载箱加压加载。使桩体内部产生加载力，荷载箱本身的打开面打开后，通过位移丝或位移杆的走位数据以及各层土的检测数据进一步测定桩的承载力。

（3）成果。获得每层土层的侧阻系数、桩的侧阻、桩端承力等一系列数据，这种方法可以为设计提供数据依据，也可用于工程桩承载力的检验。

实验加载卸载应符合下列规定：

（1）加载应分级进行，采用逐级等量加载方式，每级荷载宜为最大加载值的1/10，其中第一级加载量可取分级荷载的2倍。

（2）卸载应分级进行，每级卸载量宜取加载时分级荷载的2倍，且应逐级等量卸载。

（3）加、卸载时，应使荷载传递均匀、连续、无冲击，且每级荷载在维持过程中的变化幅度不得超过分级荷载的±10%。

（4）采用双层荷载箱时，宜先进行下荷载箱测试，后进行上荷载箱测试。

慢速维持荷载法实验步骤应符合下列规定：

（1）每级荷载施加后，应分别按第5min、15min、30min、45min、60min测读位移，以后每隔30min测读一次位移。

（2）位移相对稳定标准。从分级荷载施加后的第30min开始，按1.5h连续3次每30min计算位移观测值，每小时内的位移增量不超过0.1mm，并连续出现两次。

（3）当位移变化速率达到相对稳定标准时，再施加下一级荷载。

（4）卸载时，每级荷载维持1h，分别按第15min、30min、60min测读位移量后，即可卸下一级荷载，卸载至零后，应测读残余位移，维持时间不得小于3h，测读时间分别为第15min、30min，以后每隔30min测读一次残余位移量。

荷载箱上段或下段位移出现下列情况之一时，即可终止加载：

（1）某级荷载作用下，荷载箱上段或下段位移增量大于前一级荷载作用下位移增量的5倍，且位移总量超过40mm。

（2）某级荷载作用下，荷载箱上段或下段位移增量大于前一级荷载作用下位移增量的2倍，且经24h尚未达到慢速维持荷载法实验步骤第2项规定中相对稳定标准。

(3)已达到设计要求的最大加载量且荷载箱上段或下段位移达到慢速维持荷载法实验步骤第2项规定相对稳定标准。

(4)当荷载-位移曲线呈缓变型时,向上位移总量可加载至40~60mm,向下位移总量可加载至60~80mm,当桩端阻力尚未充分发挥时,可加载至总位移量超过80mm。

(5)荷载已达荷载箱加载极限,或荷载箱上、下段位移已超过荷载箱行程。

第五节 实验数据整理与分析

检测数据的处理应符合下列规定:

(1)应绘制荷载与位移量的关系曲线和位移量与加荷时间的单对数曲线,也可绘制其他辅助分析曲线。

(2)当进行桩身应变和桩身截面位移测定时,应按《建筑基桩检测技术规程》(JGJ 106—2014)的规定整理测试数据,绘制桩身轴力分布图,计算不同土层的桩侧阻力和桩端阻力。

上段桩极限加载值 Q 和下段桩极限加载值 Q 应按下列方法综合确定:

(1)根据位移随荷载的变化特征确定时,对于陡变型曲线,应取曲线发生明显陡变的起始点对应的荷载值。

(2)根据位移随时间的变化特征确定极限承载力,应取位移量与加载时间的单对数曲线尾部出现明显弯曲的前一级荷载值。

(3)对缓变型曲线可根据位移量确定,上段桩极限加载值取对应位移为40mm时的荷载,当上段桩长大于40m时,宜考虑桩身的弹性压缩量;下段桩极限加载值取位移为40mm对应的荷载值,对直径大于或等于800mm的桩,可取荷载箱向下位移量为0.05D(D为桩端直径)对应的荷载值。

(4)当按上述(1)~(3)不能确定时,宜分别取向上、向下两个方向的最大实验荷载作为上段桩极限加载值和下段桩极限加载值。

(5)当出现《建筑基桩检测技术规程》(JGJ 106—2014)慢速维持荷载法实验步骤第1、2款情况时,宜取前一级荷载值。

单桩竖向抗压极限承载力应按下列公式计算:

单荷载箱

$$Q_u = (Q_{uu} - W)/\gamma_1 + Q_{ud} \tag{3-1}$$

双层荷载箱

$$Q_u = (Q_{uu} - W)/\gamma_1 + Q_{ud} + Q_{um} \tag{3-2}$$

式中:Q_u 为单桩竖向承载力极限值(kN);Q_{uu} 为上段桩的极限加载值(kN);Q_{um} 为中段桩的极限加载值(kN);Q_{ud} 为下段桩的极限加载值(kN);W 为荷载箱上段桩的自重与附加重量之和(kN),附加重量应包括设计桩顶以上超灌高度的重量、空桩段泥浆或回填砂、土自重,地下水水位以下应取浮重度计算;γ_1 为受检桩的抗压摩阻力转换系数,宜根据实际情况通过相近条件的比对实验和地区经验确定。当无可靠比对实验资料和地区经验时,γ_1 可取 0.8~

1.0,长桩及黏性土取大值,短桩或砂土取小值。

单桩竖向抗拔极限承载力应按下式计算：

$$Q_u = Q_{uu}/\gamma_2 \tag{3-3}$$

式中:γ_2 为受检桩的抗拔摩阻力转换系数,承压型抗拔桩应取 1.0,承拉型抗拔桩应根据实际情况通过相近条件的比对实验和地区经验确定,但不得小于 1.1。

单桩竖向抗压(抗拔)承载力特征值应按单桩竖向抗压(抗拔)极限承载力的 50% 取值。

第六节 工程案例分析

一、工程概况

厦门某商品房项目工程主要拟建物由 3 栋超高层住宅楼(1#～3#楼)、4 层商业楼及 4 层纯地下室等组成。该项目地基基础设计等级、桩基设计等级为甲级,工程重要性等级为一级。勘察报告表明,场地岩土层结构分布如下:①杂填土,场地表层均有揭露,厚度 1.10～6.50m。②$_1$ 淤泥混砂,场地局部缺失,厚度 1.50～8.70m。②$_2$ 淤泥,场地局部缺失,厚度 0.50～9.40m。②$_3$ 粉质黏土,场地局部分布,厚度 1.40～8.10m。③$_1$ 细砂,场地局部分布,厚度 1.20～4.10m。③$_2$ 粗砂,场地局部缺失,厚度 0.6～5.80m。④残积砂质黏性土,场地大部分有揭露,厚度 1.90～10.70m。⑤$_1$ 全风化花岗岩,局部缺失,厚度 1.20～8.10m。⑤$_2$ 散体状强风化花岗岩,全场分布,厚度 10.20～71.40m。⑤$_3$ 碎裂状强风化花岗岩,部分地段揭露,控制层厚度 1.10～40.10m。⑤$_4$ 中风化花岗岩,场地部分地段揭露,控制层厚度 5.20～8.30m。本研究依托项目桩基础工程-2#楼,该栋楼共 59 层,基桩类型为旋挖钻孔灌注桩,基桩总数为 128 根,桩身截面尺寸为直径 1200mm,桩长为 57.08m,桩身混凝土强度等级为 C45 水下,桩端持力层为散体状和碎块状强风化花岗岩。

二、实验装置及步骤

自平衡静载实验是在桩身平衡点位置安设荷载箱,利用桩身自重、桩侧阻力、桩端阻力互相提供反力的一种实验方法。本实验采用 RS-JYE 桩基静载荷测试分析系统自动加荷并记录,由安装在桩平衡点的荷载箱进行逐级加荷,荷载值通过压力传感器测量,沉降通过焊接于荷载箱的对称布置的具有一定刚度的上下位移杆传递到地面,然后用位移传感器测量,在桩顶上面安装一个位移传感器用于监测桩顶位移。所有位移传感器都固定在基准梁上,并且基准梁在独立的基准桩上安装。自平衡静载实验装置见图 3-8。

采用上述自平衡静载实验装置进行实验,具体操作步骤如下:

(1)现场实验中,加荷方式为慢速维持荷载法,加载分级进行,采用逐级等量加载的方式,每级荷载为最大加载量或预估极限承载力的 1/10。

(2)在荷载施加的各个时间段,加载 5min、15min、30min、45min 时,读取各钢筋输出的沉降位移。

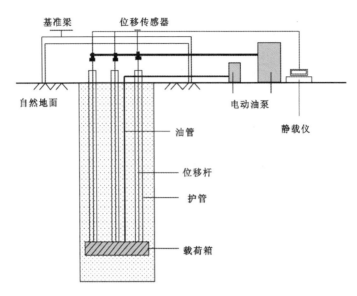

图 3-8 自平衡静载实验装置示意图

(3)荷载加载持续1h,桩体位移沉降不超过0.1mm,该现象连续出现两次,就可认为试桩的沉降达到了稳定,达到稳定后,便可实现下一级荷载的加载。

(4)逐级加载完成后,进行卸载,卸载施加的荷载为加载荷载的2倍,并在卸载过程中15min、30min、60min读取回弹量,逐级完成卸载。

三、实验结果

通过自平衡静载实验装置现场监测,将现场采集到的实验数据进行整理,得到2-68#桩荷载位移结果,见表3-2。

表3-2　2-68#桩荷载位移结果

序号	荷载/kN	历时/min		下桩段沉降/mm		上桩段沉降/mm	
		本级	累计	本级	累计	本级	累计
0	0	0	0	0.00	0.00	0.00	0.00
1	3040	120	120	0.37	0.37	0.12	0.12
2	4560	1020	1140	0.31	0.68	0.04	0.15
3	6080	120	1260	0.06	0.74	0.12	0.04
4	7600	330	1590	0.27	1.00	0.17	0.13
5	9120	180	1770	0.36	1.36	0.02	0.11
6	10 640	150	1920	0.20	1.56	0.10	0.21
7	12 160	150	2070	0.15	1.71	0.28	0.48

续表 3-2

序号	荷载/kN	历时/min 本级	历时/min 累计	下桩段沉降/mm 本级	下桩段沉降/mm 累计	上桩段沉降/mm 本级	上桩段沉降/mm 累计
8	13 680	120	2190	0.19	1.89	0.17	0.65
9	15 200	120	2310	0.21	2.10	0.20	0.85
10	12 160	60	2370	0.02	2.11	0.02	0.83
11	9120	60	2430	0.09	2.03	0.14	0.70
12	6080	60	2490	0.30	1.73	0.34	0.36
13	3040	60	2550	0.42	1.31	0.44	0.08
14	0	180	2730	0.62	0.70	0.56	0.65

当平衡点处的施加载荷为 15 200kN 时，达到预定的荷载值，这时停止施加荷载，此时上桩段沉降位移为 0.85mm，下桩段沉降位移为 2.10mm。卸载后，上桩段最大回弹量达到 1.50mm，下桩段最大回弹量为 1.40mm。工程桩自平衡静载实验结果如表 3-3 所示，荷载箱单向最大加载荷载值为 15 200kN，试桩实验进展顺利，未出现异常现象，实验上桩段在各级荷载作用下的沉降量未超过 40mm，且沉降无明显增大等现象，试桩下桩段在各级荷载作用下的沉降未超过 0.05D（D 为桩端直径），从荷载-位移曲线、等效荷载-位移曲线和时间-位移曲线可以看出，该工程桩上、下桩段在最大荷载作用下均未达到极限荷载状态（图 3-9～图 3-11）。

表 3-3 2-68# 桩自平衡静载实验结果

序号	桩号	荷载箱上桩的实测极限承载力 Q_{uu}/kN	最大上桩位移/mm	荷载箱下桩的实测极限承载力 Q_{ud}/kN	最大下桩位移/mm	测试单向最大加载力/kN	荷载箱上段桩自重/kN	单桩竖向抗压极限承载力 Q_u/kN
1	2-68#	15 200	0.85	15 200	2.10	15 200	977.6	29 422.4

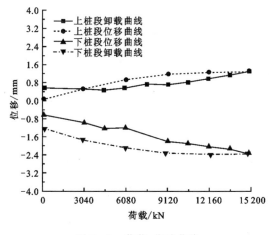

图 3-9 荷载-位移曲线

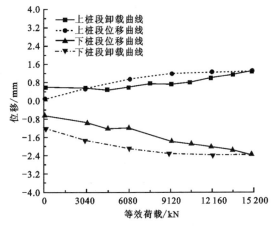

图 3-10 等效荷载-位移曲线

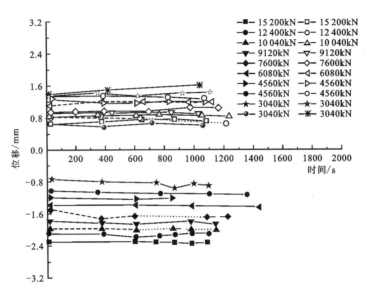

图 3-11 时间-位移曲线

第四章 静力触探实验

第一节 概 述

静力触探实验(static cone penetration test,简称CPT)是利用准静力以恒定的贯入速率将一定规格和形状的圆锥探头通过一系列探杆压入土中,同时测记贯入过程中探头所受到的阻力,根据测得的贯入阻力大小来间接判定土的物理力学性质的现场实验方法。

静力触探技术始于1917年,但直到1932年,荷兰工程师Barentsen才成为世界上第一个进行静力触探实验的人,故静力触探实验有时又被称为荷兰锥(Dutch cone)实验。近几十年来,静力触探技术无论在仪器设备、测试方法,还是成果的解释与应用方面都取得了很大的进展,尤其是20世纪90年代以来,静力触探探头的研制朝着多功能化方向发展,在探头上增加了许多新功能,如增加了测温、测斜、地磁、土壤电阻和地下水pH值等物理量。此外,静探探杆传递量测数据的无绳静力触探仪的问世,又开拓了静力触探技术的新的应用领域。

最初采用的机械式静力触探实验,实验方法和过程比较繁琐,且锥尖形式也是各种各样。后来,欧洲采用统一规格的标准探头,圆锥夹角为60°,锥底面积为10cm^2,摩擦套筒的表面积为150cm^2。到了20世纪60年代,工程师们成功研制出了电测静力触探机,各测量参数可均采用电量测量。电子探头的最显著的优点是其良好的重复性、高精度及数据的连续测读,为数据采集及数据处理的自动化提供了条件。1974年,在Stockholm召开的第一届欧洲触探实验会议(ESOPT-1)上,Janbo和Sennest发表了利用挪威岩土所(Norwegian Geotechnical Institute,简称NGI)研制的孔压探头测得的贯入过程中孔隙水压力结果,这是孔压静力触探实验(piezocone penetration test,简称CPTU)的开端。孔压静力触探技术的应用,使触探过程中不仅可以量测土层对探头的阻力(锥尖阻力和侧壁摩阻力),还可以量测探头附近的孔隙水压力。与传统静力触探相比,孔压静力触探可以利用测量的孔压对其他测试数据进行修正,还可以利用孔压量测的高灵敏性及其与土性之间的内在联系,更加精确地辨别土类,验证薄土层的存在,并使评价土的固结系数等渗透特性成为可能。

根据实验结果并结合地区经验,静力触探实验可用于以下目的:
(1)为土类定名,并划分土层的界面。
(2)评定地基土的物理、力学、渗透性质等相关参数。
(3)确定地基承载力。

(4)确定单桩极限承载力。

(5)判定地基土液化的可能性。

静力触探实验适用于软土、一般黏性土、粉土、砂土和含有少量碎石的土,不适用于含较多碎石、砾石的土层和密实的砂层。与传统的钻探方法相比,静力触探实验具有速度快、劳动强度低、清洁、经济等优点,而且可以连续获得地层的强度和其他方面的信息,不受取样扰动等人为因素的影响。在饱和砂土、砂质粉土及高灵敏性软土中的钻探取样往往不易达到技术要求,而静力触探实验在遇到这些情况时有着它独特的优越性。

第二节 实验的基本原理与仪器设备

一、基本原理

静力触探探头大部分都采用电阻应变式测试技术,探头空心柱体上的应变桥路有两种布置方式。第一种布置方式如图4-1(a)所示,为半桥两臂布置,空心柱体四周对称地粘贴4个电阻应变片,其中两个竖向电阻应变片承受拉力,而另外两个横向的处于自由状态(无负荷),只起平衡(温度补偿)的作用。第二种布置方式如图4-1(b)所示,为全桥四臂布置,电阻应变片的粘贴与第一种相同,但由于空心柱体的空心长度较长,故横向电阻应变片处于受压状态。

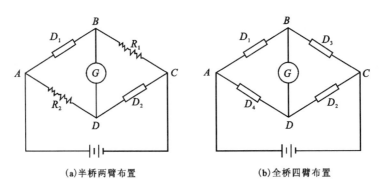

(a)半桥两臂布置　　　　　(b)全桥四臂布置

D_1、D_2、D_3、D_4、R_1、R_2为所在位置的电阻值。

图4-1 探头空心柱体上应变桥路布置

现以半桥两臂工作为例,不受力时,各电阻应变片的电阻值存在式为

$$D_1 D_2 = R_1 R_2 \tag{4-1}$$

B、D两点间的电位差等于零,毫伏计G中没有电流通过,即电桥处于平衡状态。受力后,则有

$$(D_1 + \Delta D_1)(D_2 + \Delta D_2) > R_1 R_2 \tag{4-2}$$

当为全桥四臂工作,且未受力时,有

$$D_1 D_3 = D_2 D_4 \tag{4-3}$$

当受力后,则有

$$(D_1+\Delta D_1)(D_3+\Delta D_3) > (D_2-\Delta D_2)(D_4-\Delta D_4) \tag{4-4}$$

即受力后,B、D 两点间就有了电位差,毫伏计 G 便指流过的电流大小,这个电流的大小与空心柱体的受力伸长成比例。电阻应变片对温度变化比较敏感,故必须考虑温度影响。由于全桥四臂的量测精度较高,所以在实际应用时,宜采用全桥电路。在实际工作中,把空心柱体的微小应变所输出的微弱电压通过电缆传至电阻应变仪中的放大器,经过放大几千倍到几万倍后,就可用普通的指示仪表量测出来。这种电测探头量测到的贯入阻力仅仅是探头部分所承受的阻力,避免了地面量测时探杆与孔壁间摩擦这一不确定因素的影响。电测探头量程大,最大可测 30MPa 的贯入阻力,而且灵敏度较高,可反映 10kPa 的贯入阻力变化。

二、仪器设备

静力触探仪一般由探头(即阻力传感器)、量测记录仪表、贯入系统(包括触探主机与反力装置)三部分共同作用将探头压入土中。

探头是静力触探仪的关键部件。它包括摩擦筒和锥头两部分,有严格的规格与质量要求。目前,静力触探可根据工程需要分为单桥探头、双桥探头或带孔隙水压力量测的单、双桥探头,可测定比贯入阻力 P_s、锥尖阻力 q_c、侧壁摩阻力 f_s 和贯入时的孔隙水压力 u。此外,还有可测波速、孔斜、温度及密度等的多功能探头。探头的功能越多,测试成果也越多,用途也越广,但相应的测试成本及维修费用也越高。因此,应根据测试目的和条件选用合适的探头,保证实验成果具有较好的可比性和通用性,也便于开展技术交流。《岩土工程勘察规范(2009 年版)》(GB 50021—2001)对探头的规定如下:探头圆锥锥底截面积应采用 10cm² 或 15cm²,单桥探头侧壁高度应采用 57mm 或 70mm,双桥探头侧壁面积应采用 150～300cm²,锥尖锥角应为 60°。常见探头形状如图 4-2 所示。

国内静力触探量测仪器有数字式电阻应变仪、电子电位差自动记录仪、微电脑数据采集仪等。微电脑数据采集仪的功能包括数据的自动采集、储存、打印、分析整理和自动成图,使用方便。

一般测量系统应包括静力触探专用记录仪器和传输信号的四芯或八芯的屏蔽电缆。目前一种无线的静力触探实验系统也孕育而生,图 4-3 为美国 Vertek 公司生产的数字式静力触探系统。

这个系统量测数据的传输由声波完成,例如,数字化的数据由探头上的电子元件转换成一种高频的声波信号,信号通过钻杆传播到安装在触探杆顶部上的麦克风,通过麦克风、中控箱将声波信号转换成数字信号后直接输入电脑。因此不需要电缆传输数据。计算机接口箱同时从深度测量装置上接收到深度信息。这些数据也同时被送入电脑。在实验过程中,电脑屏幕上可显示出即时的实验数据和曲线。

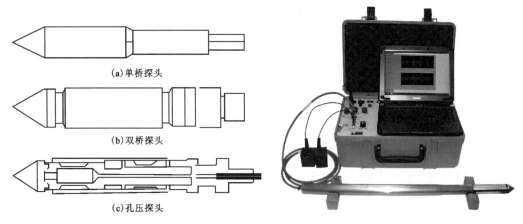

图 4-2 静力触探仪常见探头形状　　图 4-3 美国 Vertek 公司数字式静力触探系统

第三节　实验技术要求

静力触探实验的技术要求应符合下列规定:探头应匀速垂直压入土中,贯入速率为 1.2m/min。探头测力传感器应连同仪器、电缆进行定期标定,室内探头标定测力传感器的非线性误差、重复性误差、滞后误差、温度漂移、归零误差均应小于 1%。现场实验归零误差应小于 3%,绝缘电阻不小于 500MΩ。深度记录的误差不应大于触探深度的 1%。当贯入深度超过 30m,或穿过厚层软土后再贯入硬土时,应采取措施防止孔斜或断杆,也可配置测斜探头,量测触探孔的偏斜角,校正土层界线的深度。孔压探头在贯入前,在室内保证探头应变腔为已排除气泡的饱和液体,并在现场采取措施保持探头内液体的饱和状态,直至探头进入地下水位以下的土层为止,在孔压静探实验过程中不得上提探头。当在预定深度进行孔压消散实验时,应量测停止贯入后不同时间的孔压值,其时间间隔由密而疏合理控制。实验过程不得松动探杆。

第四节　实验操作步骤

实验关键步骤如下:
(1)布孔位,平整场地。
(2)安装触探机,并调平机座(为使贯入压力保持垂直方向),将机座与反力装置衔接。
(3)将探头、测量电缆、探杆连接起来,检查测量仪表并调零。
(4)将连着探杆的探头压入地下,同时记录深度值和量测仪表的数据。
(5)在预定位置做孔压消散测试,应停止贯入,然后记录超孔压随时间的消散过程。
实验中应注意的事项如下:

(1) 触探机就位后, 应调平机座, 使用水平尺校准, 使贯入压力保持竖直方向并使机座与反力装置衔接、锁定。

(2) 触探机的贯入速率应控制在 1~2cm/s 之间, 一般为 2cm/s; 使用手摇式触探机时, 手把转速应力要求均匀。

(3) 使用记读式仪器, 每贯入 0.1m 或 0.2m 应记录一次读数。

(4) 遇下列情况时应停止贯入。①触探主机负荷达到其额定荷载的 120%; ②贯入时探杆出现明显弯曲; ③反力装置失效; ④探头负荷达到额定荷载时; ⑤记录仪器显示异常。

第五节 实验数据整理与分析

静力触探贯入过程中, 探头受摩擦而发热, 探杆会倾斜和弯曲, 探头入土深度很大时探杆也会有一定量的压缩, 仪器记录深度的起始面与地面不重合, 这些因素会使测试结果产生偏差。因而原始数据一般应进行修正, 修正的方法按《静力触探技术规则》(TBJ 37—93)的规定进行, 主要为深度修正和零漂处理。

静力触探实验结束后, 应绘制单桥和双桥探头 p_s-z 曲线、q_c-z 曲线、f_s-z 曲线、R_f-z 曲线; 孔压探头应绘制 u_i-z 曲线、q_t-z 曲线、f_t-z 曲线、B_q-z 曲线和孔压消散曲线(u_t-$\lg t$ 曲线)。其中, R_f 为摩阻比; u_i 为孔压探头贯入土中量测的孔隙水压力(即初始孔压)(kPa); q_t 为真锥头阻力(经孔压修正)(kN); f_t 为真侧壁摩阻力(经孔压修正)(kA); B_q 为静探孔压系数; u_t 为孔压消散过程时刻 t 时的孔隙水压力。

根据静力触探贯入曲线的线型特征及各参数大小, 结合相邻钻孔资料及地区经验公式和图表可以判定土类、划分土层, 有效地对土体的空间分布以及工程特性进行测定。分层时要注意两种现象, 一种是贯入过程中的临界深度效应, 另一种是探头越过分层面前后所产生的超前与滞后效应。这些效应的根源均在于土层对探头的约束条件有了变化。根据长期的经验确定了以下划分方法: 上下层贯入阻力相差不大时, 取超前深度和滞后深度的中点, 或中点偏向于阻值较小者 5~10cm 处作为分层面; 上下层贯入阻力相差 1 倍以上时, 取软层最靠近分界面处的数据点偏向硬层 10cm 处作为分层面; 上下层贯入阻力变化不明显时, 可结合 f_s 或 R_f 的变化确定分层面。除进行力学分层外, 利用静力触探实验成果还可以估算土的塑性状态、密实度、强度、压缩性、地基承载力、单桩承载力、沉桩阻力, 判别液化程度等, 并且根据孔压消散曲线可估算土的固结系数和渗透系数。

第六节 工程案例分析

一、工程概况

徐州某电厂二期扩建 2×1000MW 级机组的拟建场区下部分布有一条 15m 厚的掩埋古河道, 埋藏于近代黄泛层 5m 之下。河道宽约 200m, 形成于明朝时期。河道内主要沉积层为粉砂及粉土,其下为厚约25m的第四纪地层。考虑浅部地层土的地基承载力和压缩变形量远不能满足电厂发电机组等主要建筑物的设计要求,主厂房、烟囱及主要设备基础拟采用PHC-AB600(130)-xb型桩基进行加固处理。为了评价沉桩的可行性、选择桩基持力层,计算并验证单桩承载力,在实验区进行了打桩前后的静力触探对比实验。

二、静力触探实验结果

根据工程及静力触探实验的技术要求,采用双桥探头进行多孔位的静力触探对比实验工作,某一孔位打桩前后代表性静力触探实验曲线如图4-4所示。

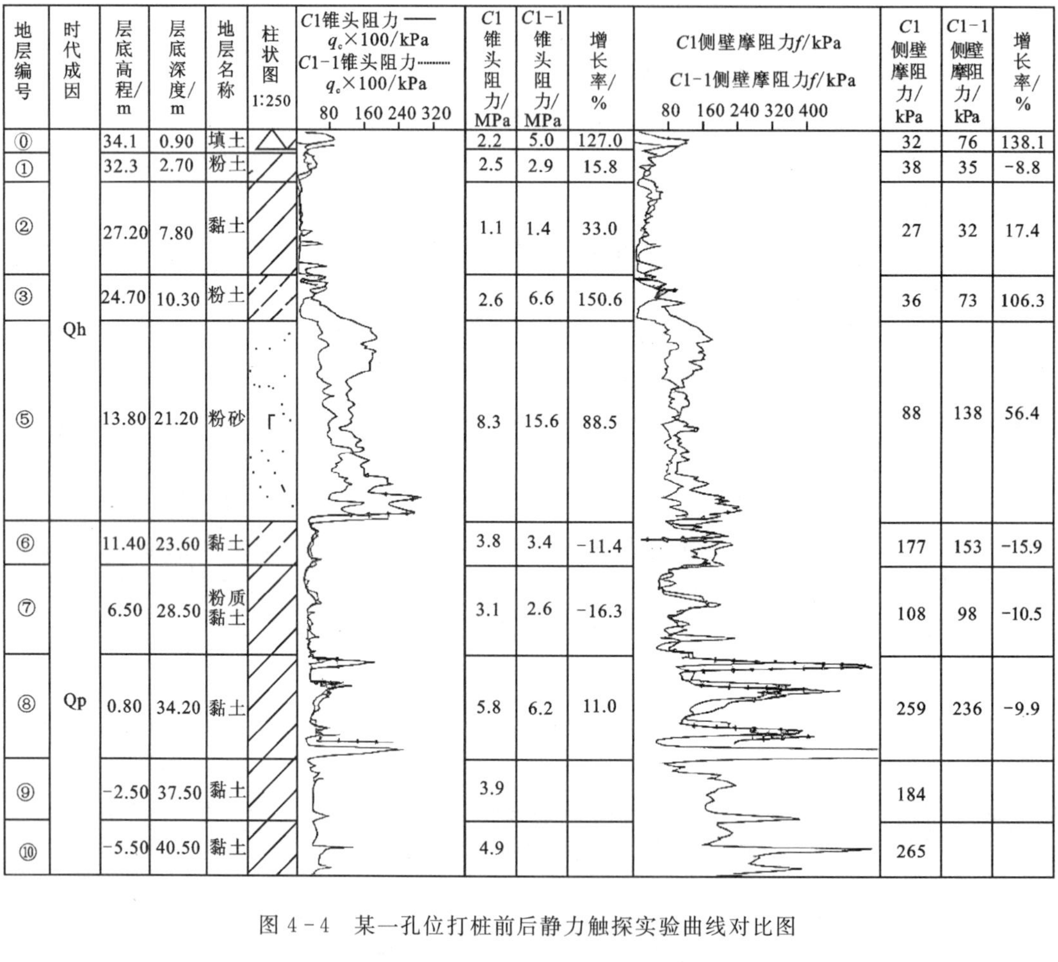

地层编号	时代成因	层底高程/m	层底深度/m	地层名称	柱状图 1:250	C1锥头阻力 $q_c\times100$/kPa —— C1-1锥头阻力 $q_c\times100$/kPa ---- 80 160 240 320	C1锥头阻力/MPa	C1-1锥头阻力/MPa	增长率/%	C1侧壁摩阻力f/kPa —— C1-1侧壁摩阻力f/kPa ---- 80 160 240 320 400	C1侧壁摩阻力/kPa	C1-1侧壁摩阻力/kPa	增长率/%
⓪		34.1	0.90	填土			2.2	5.0	127.0		32	76	138.1
①		32.3	2.70	粉土			2.5	2.9	15.8		38	35	-8.8
②		27.20	7.80	黏土			1.1	1.4	33.0		27	32	17.4
③		24.70	10.30	粉土			2.6	6.6	150.6		36	73	106.3
⑤	Qh	13.80	21.20	粉砂			8.3	15.6	88.5		88	138	56.4
⑥		11.40	23.60	黏土			3.8	3.4	-11.4		177	153	-15.9
⑦		6.50	28.50	粉质黏土			3.1	2.6	-16.3		108	98	-10.5
⑧	Qp	0.80	34.20	黏土			5.8	6.2	11.0		259	236	-9.9
⑨		-2.50	37.50	黏土			3.9				184		
⑩		-5.50	40.50	黏土			4.9				265		

图4-4 某一孔位打桩前后静力触探实验曲线对比图

三、静力触探实验成果应用

(1)地基土分层和强度判别。从图4-4可知,静力触探实验不仅可以进行精确的土层划分,误差小于5cm,结合钻孔资料还可以确定土的类别;根据静力触探曲线数值大小,可以计算地基土强度并评价沉桩的可行性；打桩前后静力触探曲线变化的对比可以用来评价打桩效应对地基土特性的影响。

(2)单桩承载力计算。根据静力触探实验曲线计算地基土各土层桩侧摩阻力和桩端阻力平均值，如表4-1所示。

表4-1 各土层桩侧摩阻力和桩端阻力一览表   单位：kPa

层号	土名	桩侧摩阻力	极限桩端阻力
①	粉土	20	
②	黏土	35	
③	粉土	40	
④	黏土	35	
⑤	粉砂	80	
⑥1	黏土	90	
⑥2	黏土	110	5000
⑦	粉质黏土	120	5500
⑧	黏土	125	5800
⑨	黏土	120	5500
⑩	黏土	135	6000

不同桩长情况下PHC管桩单桩承载力如表4-2所示。考虑上部荷载大小和地基基础的结构形式，以及PHC管桩单节长度，最终采用PHC-AB600(130)-40b型桩进行地基加固，自上而下单节桩长分别为14m、12m和14m，单桩承载力取值为7000kN。静力触探实验在本工程中还有其他多项应用，此处不再列举。

表4-2 PHC管桩单桩极限承载力

桩入土深度/m	单桩极限承载力/kN	
	一般场区	古河道区
28.0	4500	4000
30.0	5100	4400
32.0	5800	5000
35.0	6800	6000
38.0	7200	7000

第五章　十字板剪切实验

第一节　概　　述

十字板剪切实验是将插入软土中的十字板头,以一定的速率旋转,在土层中形成圆柱形的破坏面,测出土的抵抗力矩,从而换算土的抗剪强度。此实验主要用于原位测定饱和软黏土($\varphi_b=0$)的不排水抗剪强度和估算软黏土的灵敏度,实验深度一般不超过30m,为测定软黏土不排水抗剪强度随深度的变化,十字板剪切实验布置时,均质土实验点竖向间距可取1m,非均质或夹薄层粉细砂的软黏土可依据静力触探资料确定。

此种方法的优点如下:

(1)无须取样,特别是对于难以取样的灵敏度高的软黏土,比其他方法测得的抗剪强度指标都可靠。

(2)野外测试设备轻便,容易操作。

(3)测试速度较快,效率高,成果整理简单,但对较硬的黏性土和含有砾石、杂物的土不宜采用。

第二节　实验的基本原理与仪器设备

一、基本原理

十字板剪切试验是通过施加垂直于材料平面的剪切力,使材料发生切变变形,从而研究材料的剪切性能。试验中,使用一个十字形的剪切刀具,将材料夹持在两个平行的板之间。施加剪切力后,通过测量材料的切变角度和剪切力,可以得到材料的剪切应力和剪切模量等力学参数。

二、仪器设备

目前国内使用的实验设备有机械式、电测式和开口钢环式3种。它们主要由十字板头、导杆和施测扭力装置三部分构成。

1. 机械式

机械式十字板每做一次剪切实验都要清孔,费工费时,工效较低,且它的传递和计量均依靠机械的能力,需配备钻孔设备,成孔后下放十字板进行实验(图 5-1)。

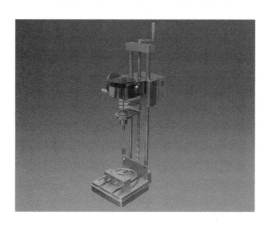

图 5-1 机械式十字板剪切仪的构造

2. 电测式

电测式十字板是用传感器将土剪切破坏时力矩的大小转变成电信号,并用仪器量测出来,常用的为轻便式十字板和静力触探两种,不使用钻孔设备。实验时直接将十字板头以静力压入土层中,测试完后再将十字板压入下一层继续实验,实现连续贯入,此种方式比机械式十字板测试效率高 5 倍以上,且测试精度较高。

3. 开口钢环式

国内外多采用矩形十字板头,径高比为 1∶2 的标准型。板厚宜 2~3mm。常用的规格有 50mm×100mm 和 75mm×150mm 两种。前者适用于稍硬黏性土,后者适用于软黏土。一般使用的轴杆直径为 20mm,设备主要有钻机、秒表及百分表等。

第三节 实验技术要求

(1)钻孔要求平直、垂直、不弯曲,应配用 p33mm 和 p42mm 专用十字板实验探杆。
(2)钢环最大允许力矩 80kN·m。
(3)十字板板头形状宜为矩形,径高比 1∶2,板厚宜 2~3mm,十字板头插入钻孔底的深度不应小于钻孔或套管直径的 3~5 倍。
(4)十字板插入至实验深度后,至少应静止 2~3min,方可开始实验。
(5)扭转剪切速率宜采用(1°~2°)/10s,并应在测得峰值强度后继续测记 1min。
(6)在峰值强度或稳定值测试完后,顺着扭转方向连续转动 6 圈后,测定重塑土的不排水抗剪强度。

（7）对开口钢环十字板剪切仪，应修正轴杆与土间摩阻力的影响。

第四节　实验操作步骤

（1）开孔、下套管、清孔。①用回转钻机开孔（不宜用击入法），下套管至预定实验深度以上 3～5 倍套管直径处。②用螺旋钻或提土器清孔，孔内虚土不宜超过 15cm。在软土钻进时，应在孔中保持足够水位，以防止软土在孔底涌起，并保证一定的锤击速率。

（2）连接板头、轴杆、钻杆并接上导杆。将板头徐徐压至实验深度，管钻不小于 75cm，螺旋钻不小于 50cm，若板头压至实验深度遇到较硬夹层时，应穿过夹层再进行实验。

（3）装上百分表。套上传动部件，转动手柄使特制键自由落入键槽，将指针对准任意整数刻度，装上百分表并调整到零。

（4）开始实验。开动秒表，同时转动手柄，以每度 10s 的转速均匀转动，每转 1 圈测记百分表读数一次，当测记读数出现峰值或读数稳定后，再继续测记 1min，其峰值或稳定读数即为原状土剪切破坏时百分表最大读数 ε_y（0.01mm），最大读数一般在 3～10min 内出现。

（5）量测读数。逆时针方向转动手柄，拔下特制键，导杆装上摇把，顺时针方向转动 6 圈，使板头周围土完全扰动，然后插上特制键，按第（4）步进行实验，测记重塑土剪切破坏时百分表最大读数 ε_c（0.01mm），拔下特制键和支爪，上提导杆 2～3cm，使离合齿脱离，再插上支爪和特制键，转动手柄，测记土对轴杆摩擦时百分表稳定读数 ε_g（0.01mm）。

（6）实验完毕，卸除各种设备。卸下转动部件和底座，在导杆吊孔内插入吊钩，逐节取出钻杆和板头，清洗板头并检查板头螺丝是否松动，轴杆是否弯曲，若一切正常，便可按上述步骤继续进行实验。

第五节　实验数据整理与分析

1. 计算原状土的抗剪强度

原状土十字板不排水抗剪强度 C 值计算公式如下：

$$C_u = KC(\varepsilon_y - \varepsilon_g) \tag{5-1}$$

式中：C_u 为原状土的不排水抗剪强度（kPa）；C 为钢环系数（kN/0.01mm）；ε_y 为原状土剪损时量表最大读数（0.01mm）；ε_g 为轴杆与土摩擦时量表最大读数（0.01mm）；K 为十字板常数（m^{-2}），计算公式如式（5-2）所示，十字板规格及常数 K 值如表 5-1 所示。

$$K = \frac{2R}{\pi D^2 \left(H + \dfrac{D}{3}\right)} \tag{5-2}$$

式中：R 为转盘半径（mm）；H 为十字板头高度（mm）；D 为十字板头直径（mm）。

表 5-1　十字板规格及常数 K 值

十字板规格 $D \times H$/mm×mm	十字板尺寸/mm			转盘直径 R/mm	十字板常数 K/m^{-2}
	直径 D	高度 H	厚度 B		
50×100	50	100	2~3	200	436.78
				250	545.97
50×100	50	100	2~3	210	458.62
75×150	75	150	2~3	200	129.41
				250	161.77
75×150	75	150	2~3	210	135.88

2. 计算重塑土的抗剪强度

重塑土十字板不排水抗剪强度 C'_u 值计算公式如下：

$$C'_u = KC(\varepsilon_c - \varepsilon_g) \tag{5-3}$$

式中：C'_u 为重塑土的不排水抗剪强度（kPa）；ε_c 为重塑土剪损时量表最大读数（0.01mm）；其余符号含义同前。

3. 计算土的灵敏度

土的灵敏度 S_n 计算公式如下：

$$S_n = \frac{C_u}{C'_u} \tag{5-4}$$

4. 计算地基承载力

中国建筑科学研究院、华东电力设计院采用下式计算地基承载力 f_k：

$$f_k = 2C_u + \gamma h \tag{5-5}$$

式中：f_k 为地基承载力（kPa）；C_u 为修正后的十字板抗剪强度（kPa）；γ 为土的容重（kN/m³）；h 为基础埋置深度（m）。

5. 估算单桩极限承载力

单桩极限承载力 Q_{max} 计算公式如下：

$$Q_{max} = N_0 C_u A + U \sum_{i=1}^{n} C_{ui} L \tag{5-6}$$

式中：Q_{max} 为单桩最终极限承载力（kN）；N_0 为承载力系数，均质土取 9；C_u 为桩端土的不排水抗剪强度（kPa）；C_{ui} 为桩周土的不排水抗剪强度（kPa）；A 为桩的截面积（m²）；U 为桩的周长（m）；L 为桩的入土深度（m）。

第六节　工程案例分析

一、工程概况

深圳蛇口太子湾片区改造工程施工设计阶段补充勘察和围堤区补充勘察两个阶段共完成十字剪切板实验钻孔 13 个，实验土层主要针对该工程区域下卧的淤泥质粉质黏土层。该施工场地地理位置特殊，水深较深，同时，地层埋藏较深且厚度不均匀，上覆盖层淤泥及粉质黏土厚度较厚，土层物理力学性质较为复杂。

二、淤泥质粉质黏土层十字板剪切实验成果统计

1. 客运码头区统计数据

客运码头区④$_2$、④$_{2-1}$、④$_{2-2}$、④$_{2-3}$ 层十字剪切板剪切实验成果统计见表 5-2～表 5-5。

表 5-2　客运码头区④$_2$ 层十字板剪切实验成果统计表

统计项目	原状土强度	重塑土强度	灵敏度
统计个数/个	20	20	20
最大值/kPa	97.68	60.32	1.70
最小值/kPa	41.04	32.54	1.14
平均值/kPa	63.18	45.65	1.39
标准差/kPa	12.58	6.35	0.19
变异系数	0.20	0.14	0.14
小值平均值/kPa	55.61	42.61	1.32
推荐值/kPa	33.37	25.57	0.79

表 5-3　客运码头区④$_{2-1}$ 层十字板剪切实验成果统计表

统计项目	原状土强度	重塑土强度	灵敏度
统计个数/个	1	1	1
最大值/kPa	62.45	37.49	1.67
最小值/kPa	62.45	37.49	1.67
平均值/kPa	62.45	37.49	1.67
标准差/kPa			
变异系数			
推荐值/kPa	31.23	18.75	0.83

表 5-4　客运码头区④$_{2-2}$层十字剪切板剪切实验成果统计表

统计项目	原状土强度	重塑土强度	灵敏度
统计个数/个	15	15	15
最大值/kPa	97.68	60.32	1.70
最小值/kPa	41.04	32.54	1.14
平均值/kPa	62.10	45.71	1.36
标准差/kPa	14.38	6.95	0.20
变异系数	0.23	0.15	0.15
小值平均值/kPa	53.99	43.52	1.25
推荐值/kPa	32.39	26.11	0.75

表 5-5　客运码头区④$_{2-3}$层十字剪切板剪切实验成果统计表

统计项目	原状土强度	重塑土强度	灵敏度
统计个数/个	4	4	4
最大值/kPa	71.01	49.68	1.53
最小值/kPa	64.26	45.54	1.36
平均值/kPa	67.44	47.47	1.42
标准差/kPa	2.77	1.84	0.07
变异系数	0.04	0.04	0.05
小值平均值/kPa	58.56	42.62	1.46
推荐值/kPa	33.72	23.73	0.71

2. 邮轮区统计数据

邮轮区④$_2$、④$_{2-1}$、④$_{2-2}$、④$_{2-3}$层十字剪切板剪切实验成果统计见表 5-6～表 5-9。

表 5-6　邮轮区④$_2$层十字剪切板剪切实验成果统计表

统计项目	原状土强度	重塑土强度	灵敏度
统计个数/个	17	17	17
最大值/kPa	94.50	62.84	3.06
最小值/kPa	52.41	18.36	1.23
平均值/kPa	76.96	45.31	1.77
标准差/kPa	11.95	10.85	0.39
变异系数	0.16	0.24	0.22
小值平均值/kPa	66.27	36.67	1.94
推荐值/kPa	39.76	22.00	1.16

表 5-7　邮轮区④$_{2-1}$层十字剪切板剪切实验成果统计表

统计项目	原状土强度	重塑土强度	灵敏度
统计个数/个	8	8	8
最大值/kPa	84.06	53.46	3.06
最小值/kPa	52.41	18.36	1.49
平均值/kPa	68.57	38.86	1.88
标准差/kPa	11.58	11.69	0.52
变异系数	0.17	0.30	0.28
小值平均值/kPa	58.87	29.35	2.17
推荐值/kPa	35.32	17.61	1.30

表 5-8　邮轮区④$_{2-2}$层十字剪切板剪切实验成果统计表

统计项目	原状土强度	重塑土强度	灵敏度
统计个数/个	5	5	5
最大值/kPa	94.50	52.67	1.84
最小值/kPa	77.15	45.45	1.62
平均值/kPa	85.38	48.94	1.75
标准差/kPa	6.76	3.52	0.09
变异系数	0.08	0.07	0.05
小值平均值/kPa	82.21	48.18	1.71
推荐值/kPa	49.33	28.91	1.03

表 5-9　邮轮区④$_{2-3}$层十字剪切板剪切实验成果统计表

统计项目	原状土强度	重塑土强度	灵敏度
统计个数/个	4	4	4
最大值/kPa	90.07	62.84	1.94
最小值/kPa	77.37	43.66	1.23
平均值/kPa	83.22	53.65	1.58
标准差/kPa	5.42	8.18	0.29
变异系数	0.07	0.15	0.18
小值平均值/kPa	86.75	45.56	1.54
推荐值/kPa	49.93	32.19	0.95

3. 预留客运码头区统计数据

预留客运码头区④$_2$、④$_{2-1}$、④$_{2-2}$、④$_{2-3}$层十字剪切板剪切实验成果统计见表 5-10～表 5-13。

表 5-10　预留客运码头区④₂层十字剪切板剪切实验成果统计表

统计项目	原状土强度	重塑土强度	灵敏度
统计个数/个	32	32	32
最大值/kPa	96.48	57.80	2.11
最小值/kPa	26.96	14.51	1.43
平均值/kPa	64.77	39.02	1.68
标准差/kPa	17.95	11.36	0.14
变异系数	0.28	0.29	0.08
小值平均值/kPa	52.41	31.24	1.69
推荐值/kPa	31.45	18.74	1.02

表 5-11　预留客运码头区④₂₋₁层十字剪切板剪切实验成果统计表

统计项目	原状土强度	重塑土强度	灵敏度
统计个数/个	7	7	7
最大值/kPa	64.62	34.18	1.93
最小值/kPa	26.96	14.51	1.47
平均值/kPa	44.00	25.34	1.75
标准差/kPa	14.54	8.20	0.16
变异系数	0.33	0.32	0.09
小值平均值/kPa	37.77	22.81	1.68
推荐值/kPa	22.66	13.69	1.01

表 5-12　预留客运码头区④₂₋₂层十字剪切板剪切实验成果统计表

统计项目	原状土强度	重塑土强度	灵敏度
统计个数/个	18	18	18
最大值/kPa	96.48	56.35	2.11
最小值/kPa	38.05	24.88	1.43
平均值/kPa	66.03	39.95	1.67
标准差/kPa	13.60	8.46	0.15
变异系数	0.21	0.21	0.09
小值平均值/kPa	57.91	35.08	1.66
推荐值/kPa	34.74	21.05	0.99

表 5-13 预留客运码头区④$_{2-3}$层十字剪切板剪切实验成果统计表

统计项目	原状土强度	重塑土强度	灵敏度
统计个数/个	7	7	7
最大值/kPa	93.68	57.80	1.68
最小值/kPa	68.98	43.14	1.54
平均值/kPa	81.54	50.30	1.62
标准差/kPa	9.53	5.18	0.05
变异系数	0.12	0.10	0.03
小值平均值/kPa	75.37	47.03	1.60
推荐值/kPa	45.22	28.22	0.96

三、推荐值依据

(1)根据《岩土工程勘察规范(2009年版)》(GB 50021—2001)10.6.4条规定,十字剪切板实验测得的抗剪强度峰值,一般认为是偏高的,土的长期强度只有峰值强度的60%~70%。因此在工程中,需根据土质条件和当地经验对十字板测定的值进行必要的修正,以供设计使用。对于该项目的淤泥质粉质黏土层十字剪切板实验成果推荐值的提出,主要是根据该条文和深圳地区勘察经验所得。

(2)根据规范和实验经验,十字板剪切板实验在含砂或贝壳碎屑的软土层中进行时,失真较为严重。本场地淤泥质粉质黏土层含砂和贝壳碎屑等包含物情况较为普遍,土质很不均匀,因此,在统计时采用小值平均值折减后的推荐值。

四、本场地十字板剪切实验的局限性

(1)该场地处于蛇口客运站航道及其两侧,受往来客轮影响,进行十字板剪切实验场地条件恶劣,虽然搭建了水上作业平台,把风浪的影响降到了最低,但航道区特别是邮轮区南端和客运码头区西端淤泥质粉质黏土层层厚相对较大,进行的十字板实验较少,仅两个孔,在区域上代表性不足。

(2)根据《岩土工程勘察规范(2009年版)》(GB 50021—2001)10.6条规定,十字剪切板实验可用于测定饱和软黏土的不排水抗剪强度和灵敏度。我国的工程经验也仅限于饱和软黏土,对于其他土,或含砂层的土层,十字剪切板实验会有较大的误差。对于该场地的淤泥质粉质黏土层,钻探资料表明其土质不均匀,主要成分为黏粒,形成年代相对较早,受海相和陆相的共同作用,厚度变化大,包含物较多,主要有坚硬的胶结块、腐木、贝壳碎片、黏土团块及不规律的夹薄层砂类土,对十字板剪切实验的影响较大,会导致强度指标偏大。

五、结 论

(1)本项目十字板剪切实验指标的重新统计,按照规范和地区勘察经验,考虑了土层不均匀性和包含物较多等因素,提出的推荐值可作为稳定计算的指标之一。

(2)对于淤泥质粉质黏土层的十字板剪切实验指标,根据本场地土层情况进行了分区、分层统计和总体统计,设计单位在选用时可根据具体情况选用。

(3)本工程场地淤泥质粉质黏土层的性质特殊,土层厚度较厚,施工中应加强监测,以保证施工安全。

第六章 圆锥动力触探实验

第一节 概 述

圆锥动力触探（dynamic penetration test，简称DPT）是用一定质量的重锤，以一定高度的自由落距，将标准规格的圆锥形探头贯入土中，根据打入土中一定距离所需的锤击数，对土层进行力学分层，判定土的力学特性，对地基土作出工程地质评价的原位测试方法，具有勘探和测试的双重功能。

圆锥动力触探实验通常以打入土中一定距离所需的锤击数来表示土层的性质，也有以动贯入阻力来表示土层的性质，其优点是设备简单、操作方便、工效较高、适应性强、可连续贯入。对难以取样的砂土、粉土、碎石类土等土层，圆锥动力触探是十分有效的勘探测试手段；缺点是不能采样对土进行直接鉴别描述，实验误差较大，再现性较差。如将探头换为标准贯入器，则称标准贯入实验。如图6-1所示为动力触探试验所用到的器材。

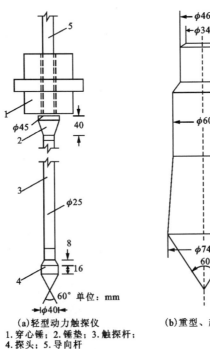

(a) 轻型动力触探仪
1.穿心锤；2.锤垫；3.触探杆；4.探头；5.导向杆

(b) 重型、超重型动力触探探头

图6-1 动力触探实验所用的器材

圆锥动力触探和标准贯入实验的适用范围见表6-1。

表6-1 圆锥动力触探和标准贯入实验的适用范围

类型		粉土、黏性土			砂土					碎石土		
		黏土	粉质黏土	粉土	粉砂	细砂	中砂	粗砂	砾砂	圆砾	卵石	漂石
动力触探	轻型	+	++	+								
	重型				+	+	++	++	++	++	+	
	超重型									+	++	++	+
标准贯入实验		+	+	++	++	++	++	++				

注：++表示适合，+表示部分适合。

圆锥动力触探实验的类型可分为轻型、重型和超重型3种。轻型动力触探的优点是轻便，对于施工验槽、填土勘察、查明局部软弱土层及洞穴分布具有实用价值。重型动力触探是应用最广泛的一种，其规格与国际标准一致。圆锥动力触探实验设备规格及适用的土层应符合表6-2的规定。

表6-2 圆锥动力触探实验设备规格及适用的土层

类型		轻型	重型	超重型
落锤	锤的质量/kg	10	63.5	120
	落距/cm	50	76	100
探头	直径/mm	40	74	74
	锥角/(°)	60	60	60
探杆直径/mm		25	42	50~60
指标		贯入30cm的锤击数 N_{10}	贯入10cm的锤击数 $N_{63.5}$	贯入10cm的锤击数 N_{120}
主要适用岩土		浅部的填土、砂土、粉土、黏性土	砂土、中密以下的碎石土、极软岩	密实和很密的碎石土、软岩、极软岩

第二节 实验的基本原理与仪器设备

一、基本原理

动力触探的基本原理可以用能量平衡法来分析。按能量守恒原理，一次锤击作用下的功能转换关系可写成

$$E_m = E_k + E_c + E_f + E_p + E_e \tag{6-1}$$

式中：E_m 为穿心锤下落能量(kJ)；E_k 为锤与触探器碰撞时损失的能量(kJ)；E_c 为触探器弹性变形所消耗的能量(kJ)；E_f 为贯入时用于克服探杆侧壁的摩阻力所消耗的能量(kJ)；E_p 为由于土的塑性变形而消耗的能量(kJ)；E_e 为由于土的弹性变形而消耗的能量(kJ)。

通过一系列的假定可得出土的动贯入阻力 R_d 的表达公式(又称荷兰公式)(王清，2006)：

$$R_d = \frac{M^2 gh}{e(M+m)A} \tag{6-2}$$

式中：e 为贯入度(mm)，即每击的贯入深度，$e=\Delta s/n$，其中 Δs 为每贯入一阵击的深度(mm)；n 为相应的一阵击锤击数；M 为重锤的质量(kg)；m 为触探动器质量(kg)；h 为重锤的落距(m)；A 为圆锥探头底面积(m²)。

二、仪器设备

（1）探头。圆锥形，锥角60°，探头直径为 40～74mm，如图 6-2 中 a 所示。

（2）探杆。钢制圆柱形，每米质量不宜大于 7.5kg，探杆接头外径应与探杆外径相同，探杆和接头材料应采用耐疲劳高强度的钢材，如图 6-2 中 b 所示。

（3）锤座。直径应小于锤径 1/2，并大于 100mm；导杆长度应满足重锤落距的要求，锤座和导杆总质量为 20～25kg，如图 6-2 中 c 所示。

（4）重锤。应采用圆柱形，高径比 1～2。重锤中心的通孔直径应比导杆外径长 3～4mm，如图 6-2 中 d 所示。

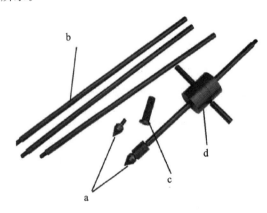

a.探头；b.探杆；c.锤座；d.重锤

图 6-2 动力触探实验仪器

第三节 实验技术要求

（1）采用自动落锤装置。

（2）触探杆最大偏斜度不应超过 2%，锤击贯入应连续进行；同时防止锤击偏心、探杆倾斜和侧向晃动，保持探杆垂直度；锤击速率宜为 15～30 击/min。

（3）每贯入 1m，宜将探杆转动一圈半；当贯入深度超过 10m，每贯入 20cm 宜转动探杆一次。

(4)对轻型动力触探,当 $N_{10}>100$ 或贯入 15cm 锤击数超过 50 时,可停止试验;对重型动力触探,当连续 3 次 $N_{63.5}>50$ 时,可停止试验或改用超重型动力触探。

第四节 实验操作步骤

(1)自由连续锤击。将穿心锤提至一定高度自由下落,并尽量连续贯入,防止锤击偏心、探杆倾斜晃动,同时保证一定的锤击速率。

(2)转动钻杆。每贯入 1m,宜将探杆转动一圈半;当贯入深度超过 10m 时,每贯入 20cm 宜转动探杆一次。

(3)量测读数。记录贯入深度和一阵击的贯入量及相应的锤击数。关注点为锤击速率。轻型动力触探和重型动力触探为 15~30 击/min;超重型动力触探为 15~20 击/min。应特别注意各触探实验的适用条件和贯入土层中一定距离所需的锤击数。

采用轻型触探时,一般以 5 击为一阵击,土较松软时应少于 5 击。可由以下公式算得每贯入 10cm 所需锤击数 N:

$$N = \frac{10K}{S} \tag{6-3}$$

式中:N 为每贯入 10cm 的实测锤击数(击);K 为一阵击的锤击数(击);S 为相应于一阵击的贯入量(cm)。

当土层较密实时(5 击贯入量小于 10cm 时),可直接记读每贯入 10cm 所需的锤击数。

当连续 3 次 $N>50$ 击时,可停止实验或改用超重型动力触探。

若为密实的碎石土或埋深较大、厚度较大的碎石土及软岩、极软岩等,则采用超重型动力触探,贯入深度一般不宜超过 20m。

第五节 实验数据整理与分析

1. 校正锤击数

(1)侧壁摩擦影响的校正。对于密实的碎石土或埋深较大、厚度较大的碎石土,超重型触探实验应考虑侧壁摩擦的影响,计算公式如下:

$$N_{120} = \alpha \times F_n N \tag{6-4}$$

式中:$\alpha \times F_n$ 为综合影响因素校正系数,按表 6-3 确定。

(2)触探杆长度修正。重型圆锥动力触探实验中,当触探杆长度大于 2m 时,需按下式校正:

$$N_{63.5} = \alpha_1 N'_{63.5} \tag{6-5}$$

式中:$N_{63.5}$ 为重型动力触探实验锤击数(击);α_1 为触探杆长度校正系数,可按表 6-4 确定;$N'_{63.5}$ 为实测重型圆锥动力触探锤击数(击)。

表 6-3 超重型动力触探实验触探杆长度(L)和综合影响因素($\alpha \times F_n N$)

N/击	L/m									
	1	2	4	6	8	10	12	14	16	18	20
1	0.92	0.86	0.80	0.66	0.60	0.54	0.50	0.46	0.43	0.40	0.39
2	0.85	0.79	0.74	0.61	0.55	0.50	0.46	0.43	0.40	0.37	0.36
4	0.80	0.74	0.70	0.58	0.52	0.47	0.43	0.40	0.38	0.35	0.34
6	0.78	0.73	0.68	0.56	0.51	0.46	0.42	0.39	0.37	0.34	0.33
8~9	0.76	0.72	0.66	0.55	0.49	0.45	0.41	0.38	0.36	0.33	0.32
10~12	0.75	0.70	0.65	0.54	0.49	0.44	0.41	0.38	0.35	0.33	0.32
13~17	0.74	0.69	0.64	0.53	0.48	0.44	0.40	0.37	0.35	0.33	0.31
18~24	0.73	0.68	0.64	0.53	0.47	0.43	0.39	0.37	0.34	0.32	0.31
25~31	0.72	0.67	0.63	0.52	0.47	0.42	0.39	0.36	0.34	0.32	0.30
32~50	0.71	0.66	0.62	0.51	0.46	0.42	0.38	0.36	0.33	0.31	0.30
≥50	0.70	0.65	0.61	0.50	0.46	0.41	0.38	0.35	0.33	0.31	0.29

表 6-4 重型圆锥动力触探杆长度校正系数

L/m	$N_{63.5}$/击								
	5	10	15	20	25	30	35	40	≥50
2	1.00	1.00	1.00	1.00	1.00	1.00	1.00	1.00	
4	0.96	0.95	0.93	0.92	0.90	0.89	0.87	0.86	0.84
6	0.93	0.90	0.88	0.85	0.83	0.81	0.79	0.78	0.75
8	0.90	0.86	0.83	0.80	0.77	0.75	0.73	0.71	0.67
10	0.88	0.86	0.79	0.75	0.72	0.69	0.67	0.64	0.61
12	0.85	0.79	0.75	0.70	0.67	0.64	0.61	0.59	0.55
14	0.82	0.76	0.71	0.66	0.62	0.58	0.56	0.53	0.50
16	0.79	0.73	0.67	0.62	0.57	0.54	0.51	0.48	0.45
18	0.77	0.70	0.63	0.57	0.53	0.49	0.46	0.43	0.40
20	0.75	0.67	0.59	0.53	0.48	0.44	0.41	0.39	0.36

超重型圆锥动力触探实验中,当触探杆长度大于 1m 时,锤击数可按下式进行校正:

$$N_{120} = \alpha_2 N'_{120} \tag{6-6}$$

式中:N_{120} 为超重型触探实验锤击数(击);α_2 为杆长校正系数,可按表 6-5 确定;N'_{120} 为实测超重型圆锥动力触探锤击数(击)。

表 6-5 超重型圆锥动力触探杆长校正系数

L/m	$N_{63.5}$/击											
	1	3	5	7	9	10	15	20	25	30	35	40
1	1.00	1.00	1.00	1.00	1.00	1.00	1.00	1.00	1.00	1.00	1.00	1.00
2	0.96	0.92	0.91	0.90	0.90	0.90	0.90	0.89	0.89	0.88	0.88	0.88
3	0.94	0.88	0.86	0.85	0.84	0.84	0.84	0.83	0.82	0.82	0.81	0.81
5	0.92	0.82	0.79	0.78	0.77	0.77	0.76	0.75	0.74	0.73	0.72	0.72
7	0.90	0.78	0.75	0.74	0.73	0.72	0.71	0.70	0.68	0.68	0.67	0.66
9	0.88	0.75	0.72	0.70	0.69	0.68	0.67	0.66	0.64	0.63	0.62	0.62
11	0.87	0.73	0.69	0.67	0.66	0.66	0.64	0.62	0.61	0.60	0.59	0.53
13	0.86	0.71	0.67	0.65	0.64	0.63	0.61	0.60	0.58	0.57	0.56	0.55
15	0.84	0.69	0.65	0.63	0.62	0.61	0.59	0.58	0.56	0.54	0.54	0.53
17	0.85	0.68	0.63	0.61	0.60	0.60	0.57	0.56	0.54	0.53	0.52	0.50
19	0.84	0.66	0.62	0.60	0.58	0.58	0.56	0.54	0.52	0.51	0.50	0.48

(3) 地下水影响的校正。对于地下水位以下的中砾、粗砾、砾砂和圆砾、卵石，锤击数可按下式修正：

$$N_{63.5} = 1.1 N'_{63.5} + 1.0 \qquad (6-7)$$

式中：$N_{63.5}$为经地下水影响校正后的锤击数（击）；$N'_{63.5}$为未经地下水影响校正而经触探杆长度影响校正后的锤击数（击）。

2. 绘制触探曲线

绘制触探击数或动贯入阻力与深度的关系曲线（直方图）如图 6-3 所示。

(1) 进行力学分层。根据曲线的动态（贯入指标近似相等），结合钻探资料可进行力学分层。

(2) 计算单孔分层贯入指标。应剔除指标异常值后取平均值。

(3) 计算场地分层贯入指标。用统计分析法进行计算，当土质均匀、动探数据离散性不大时，用厚度加权平均法计算。

3. 成果应用

(1) 确定地基土承载力。根据不同地区的实验成果资料，结合必要的区域及行业使用成果进行统计分析，并建立经验公式后确定地基承载力。

(2) 评价砂土的密度。用重型动力触探数可确定砂土、碎石土的孔隙比和砂土的密度，见表 6-6 和表 6-7。

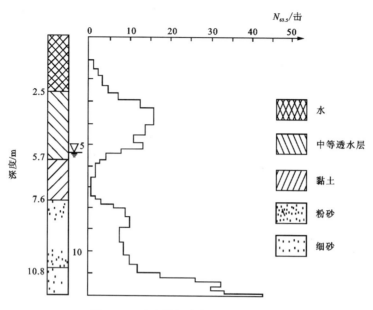

图 6-3 动力触探直方图及土层划分

表 6-6 碎石土密度按 $N_{63.5}$ 分类

重型动力触探锤击数 $N_{63.5}$/击	密实度	重型动力触探锤击数 $N_{63.5}$/击	密实度
$N_{63.5} \leqslant 5$	松散	$10 < N_{63.5} \leqslant 20$	中密
$5 < N_{63.5} \leqslant 10$	稍密	$N_{63.5} > 20$	密实

注：本表适用于平均粒径小于或等于 50mm 且最大粒径小于 100mm 的碎石土，对于平均粒径大于 50mm，或最大粒径大于 100mm 的碎石土，可用超重型动力触探或野外观察鉴别。

表 6-7 碎石土密度按 N_{120} 分类

重型动力触探锤击数 N_{120}/击	密实度	重型动力触探锤击数 N_{120}/击	密实度
$N_{120} \leqslant 3$	松散	$11 < N_{120} \leqslant 14$	密实
$3 < N_{120} \leqslant 6$	稍密	$N_{120} > 14$	很密
$6 < N_{120} \leqslant 11$	中密		

(3) 确定变形模量。依据铁道部第二勘测设计院(1988)的研究成果，圆砾、卵石土地基变形模量 E_0(MPa) 可按式(6-8)或表 6-8 取值。

$$E_0 = 4.48 N_{63.5}^{0.7554} \tag{6-8}$$

依据冶金部建筑科学研究院和武汉冶金勘察公司资料，重型动力触探的动贯入阻力 q_d 与变形模量的关系如下：

对于黏性土、粉土，

$$E_0 = 5.488 q_d^{1.468} \tag{6-9}$$

对于填土，
$$E_0 = 10(q_d - 0.56) \qquad (6-10)$$
式中：E_0 为变形模量（MPa）；q_d 为动贯入阻力（MPa）。

表 6-8 用动力触探 $N_{63.5}$ 确定圆砾、碎石土的变形模量 E_0

击数平均值 $N_{63.5}$/击	3	4	5	6	7	8	9	10	12	14
碎石土/kPa	140	170	200	240	280	320	360	400	470	540
中、粗、砂砾/kPa	120	150	180	220	260	300	380	380		
击数平均值 $N_{63.5}$/击	16	18	20	22	24	26	28	30	35	40
碎石土/kPa	600	600	720	780	830	870	900	930	970	100

（4）确定单桩承载力。据沈阳市桩基础实验研究小组资料，在沈阳地区用重型动力触探与桩载荷实验测得的单桩竖向承载力建立相关关系得到经验公式如下：

$$P_a = \alpha \sqrt{\frac{Ll}{Ee}} \qquad (6-11)$$

$$\text{或} \quad P_a = 24.3 \overline{N}_{63.5} + 365.4 \qquad (6-12)$$

式中：P_a 为单桩竖向承载力（kN）；α 为经验系数；L 为桩长（m）；l 为桩进入持力层的长度（m）；E 为打桩贯入度（cm），采用最后 10 击的每击贯入度（cm）；e 为动力触探在桩尖以上 10cm 深度内修正后的平均每击贯入度（cm）；$\overline{N}_{63.5}$ 为由地面至桩尖处重型动力触探平均每 10cm 修正后的锤击数（击）。

第六节　工程案例分析

一、工程概况

衢州市某开发区拟建两条城市主干道，场址位于低丘缓坡地区，属于丘陵地貌，原始地面高程在 81.38～105.50m（1985 国家高程基准）之间，最大高差约 24.12m。岩土层以第四纪粉土、黏土和白垩纪泥质粉砂岩与泥质砂岩为主。道路沿线多段需跨越丘陵间沟壑，沟壑地段设计为高填方路基，路基填方土料就近场外取土，以全—中风化泥质砂岩、泥质粉砂岩为主。填方路基最深处达 13.0m，多为快速回填施工完成，且填方土料未经分选，级配不良，均匀性差，造成填方路基承载力低、自重沉陷、湿陷明显。为满足道路使用功能要求，设计采用强夯法对填方路基进行地基处理。强夯点梅花形布置，其中道路 A 强夯机额定夯击能 5000kN·m，道路 B 强夯机额定夯击能 3000kN·m。强夯后达到的设计要求为：①最后两击的平均夯沉量不大于 50mm；②夯坑周围地面不应发生过大的隆起；③经处理后的地基承载力特征值不小于 160kPa，变形模量不小于 10MPa。

二、动力触探实验设备及实验方法

为检验强夯法地基处理效果和处理有效深度,验证地基处理方法和参数的可行性,采用重型圆锥动力触探分别在试夯区和未夯区进行比对实验。实验动力机械采用 XY-1 型钻机,重型圆锥动力触探器连续贯入触探测试,锤重(质量)63.5kg,自动落锤装置。实验时穿心锤自由下落,落距 760mm。穿心锤提升至规定高度使锤自动脱勾,自由下落,反复击打,锤击速率不超过 30 击/min。记录每贯入 100mm 的锤击数(简称动探实测击数)$N_{63.5}$;当连续 3 次锤击数达到 50 击时,即终止实验,记录实际贯入深度和相应的锤击数。

三、实验数据分析

实验在地质情况比较典型且具有代表性的道路 A 和 B 的试夯区和未夯区进行,试夯区和未夯区临近,各区尺寸 30m×50m,测点对角均匀布置,各区均分别测试 5 点,共测试 20 个点位,累计实验 20 段次 187.90m。根据修正后的 $N'_{63.5}$ 击数将各测试点测试深度范围内的土层按密实度划分层位,按文献中收录的全国各地有关部门根据重型动力触探击数对应的地基土承载力特征值和变形模量并结合本地区工程经验,确定各点各层位承载力特征值和变形模量。绘制同一条道路上的试夯区和未夯区 $N'_{63.5}$ 与深度的关系曲线,剔除因块石、碎石等粗颗粒造成动探击数异常偏高数据,整理出试夯区和未夯区 $N'_{63.5}$ 均值曲线,对比分析测试数据(图 6-4、图 6-5)。

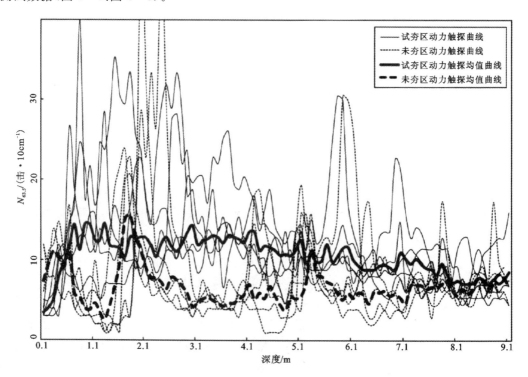

图 6-4　道路 A 试夯区和未夯区动力触探对比曲线

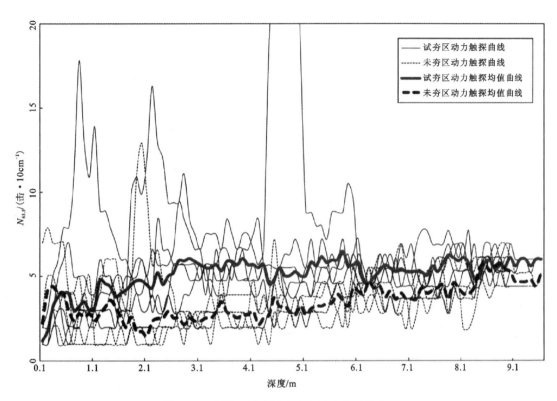

图 6-5 道路 B 试夯区和未夯区动探对比曲线

第七章 标准贯入实验

第一节 概 述

标准贯入实验(standard penetration test,简称 SPT),利用一定的锤击动能(重型触探锤质量 63.5±0.5kg,落距 76±2cm),将一定规格的对开管式贯入器打入钻孔孔底的土中,根据打入土中的贯入阻力判别土层的变化和土的工程性质。贯入阻力用贯入器贯入土中 30cm 的锤击数 N 表示(也称为标准贯入锤击数 N)。

标准贯入实验是动力触探测试方法中最常用的一种,其设备规格和测试程序在世界上已趋于统一。它与圆锥动力触探测试的区别主要是探头不同。标准贯入探头为空心圆柱形,常称标准贯入器。

第二节 实验的基本原理与仪器设备

一、基本原理

标准贯入实验是原位测试中最常用的方法之一,适用于砂土、粉土和一般黏性土。它是利用一定的落锤能量,将一定尺寸、一定形状的标贯头打入土中,根据贯入的击数来推断土层性质的一种原位测试方法。基本原理是:用一定质量的重锤以一定高度的落距,将标贯头贯入土中,根据打入土中一定距离所需的锤击数,锤击数大小反映砂土层的密实程度。

二、仪器设备

(1)安装标准贯入器、触探杆、穿心锤、锤垫及自动落锤装置等仪器。
(2)安装触探架,应保持平稳、触探孔垂直,如图 7-1 所示。

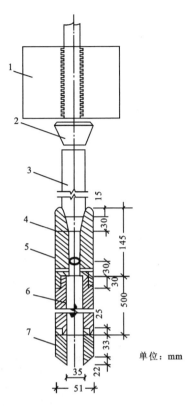

1.穿心锤;2.锤垫;3.钻杆;4.贯入器头;5.贯入器身;6.取土器;7.贯入器靴。

图 7-1 标准贯入实验设备

第三节 实验技术要求

(1)标准贯入实验适用于黏性土、粉土、砂类土、残积土和全风化、部分强风化岩层。

(2)标准贯入实验成果可评价砂类土、粉土、黏性土、强风化岩和残积土的密实度、状态、强度、变形参数、地基承载力,评定砂类土、粉土的液化势,确定土层剖面可取扰动土样进行一般物理性质实验。

(3)标准贯入实验孔应采用回转钻进,孔底沉渣厚度不应超过 10cm。不能保持孔壁稳定时,宜采用泥浆护壁,若采用套管护壁,套管底部应高出实验深度不小于 75cm。

第四节 实验操作步骤

(1)先用钻具钻至实验土层高程以上 15cm 处,清除残土,并应避免实验土层受到扰动。

(2)贯入前,应拧紧探杆探头,将贯入器放入孔内,避免冲击孔底,注意保持贯入器、探杆、导向杆连接后的垂直度。孔内宜加导向器,保证穿心锤中心施力。实验应采用自动脱钩的自由落锤法进行锤击,锤击速率应小于 30 击/min。

(3)将贯入器竖直打入土层中 15cm 后,开始记录每打入 10cm 的击数,累计打入 30cm 的击数,定为实测击数 N。密实土层中贯入不足 30cm 而击数超过 50 击时,应终止实验,并记录实际贯入度 Δs 和累计击数 n,按下式换算成贯入 30cm 击数 N:

$$N = \frac{30n}{\Delta s} \qquad (7-1)$$

(4)拔出贯入器,取出贯入器中的土样进行鉴别,描述记录。必要时妥善保存土样以备实验之用。

第五节　实验数据整理与分析

(1)根据记录表中的数据,将实测击数 N 与实验深度 d 的关系曲线($N-d$)绘制于同一直角坐标图中,并应结合场地勘察结果分层,算出该实验孔各分层土的实测击数平均值 $\overline{N}$,计算时应剔除异常值。

(2)砂类土的密实程度和黏性土的塑性状态可按照表 7-1 和表 7-2 划分。

(3)花岗岩类的残积土、全风化岩、强风化岩可按表 7-3 划分。

表 7-1　砂类土的相对密实度划分

$\overline{N}$(击·30cm^{-1})	≤10	10<$\overline{N}$≤15	15<$\overline{N}$≤30	>30
密实程度	松散	稍密	中密	密实

表 7-2　黏性土的塑性状态划分

$\overline{N}$(击·30cm^{-1})	≤2	2<$\overline{N}$≤8	8<$\overline{N}$≤32	>32
塑性状态	流塑	软塑	硬塑	坚硬

表 7-3　花岗岩类的残积土、全风化岩、强风化岩划分

$\overline{N}$(击·30cm^{-1})	≤30	30<$\overline{N}$≤50	>50
岩土名称	残积土	全风化岩	强风化岩

(4)当可液化土层实测贯入击数 N 小于液体临界贯入击数 N_a 时,应判定为液化土。N_a 按以下公式计算:

$$N_a = N_0 \cdot \alpha_1 \cdot \alpha_2 \cdot \alpha_3 \cdot \alpha_4 \qquad (7-2)$$

$$\alpha_1 = 1 - 0.065(d_w - 2) \qquad (7-3)$$

$$\alpha_2 = 0.52 + 0.175 d_s - 0.005 d_s^2 \qquad (7-4)$$

$$\alpha_3 = 1 - 005(d_u - 2) \qquad (7-5)$$

$$\alpha_4 = 1 - 0.17\sqrt{\rho_c} \tag{7-6}$$

式中：N_0 为标准贯入实验深度，$d_s=3\mathrm{m}$，地下水埋深 $d_w=2\mathrm{m}$、上覆非液化土层厚度 $d_u=2\mathrm{m}$、土中黏粒含量 $\rho_c(\%)=0$ 时Ⅱ类场地土层的液化临界贯入击数，按表 7-4 取值；α_1 为 d_w 的修正系数，当地面常年有水且与地下水有水力联系时，取 1.13；α_2 为 d_s 的修正系数；α_3 为 d_u 的修正系数，对于深基础取为 1；α_4 为黏粒含量百分比 ρ_c 的修正系数，当缺乏 ρ_c 数据，可按表 7-5 取值。

表 7-4 可液化土层临界贯入锤击数基本值 N_0

地震动峰值加速度	Ⅱ类场地基本地震动加速度特征周期分区值				
	0.1g	0.15g	0.2g	0.3g	0.4g
0.35s	6	8	10	13	16
0.40s、0.45s	8	10	12	15	18

表 7-5 α_4 值

土类	砂土类	粉土	
		$I_p \leqslant 7$	$7 < I_p \leqslant 10$
α_4	1	0.60	0.45

(5) 应用标准贯入实验锤击数 N 值时是否修正和如何修正应视建立统计关系时的具体规定而定。

第六节 工程案例分析

一、工程概况

福建利隆年产 240 万 m^2 印制线路板项目，位于漳州市漳浦县赤湖镇赤湖工业园五金园区，勘察拟建建筑总占地面积为 10 263m^2，总建筑面积为 55 688m^2，E#厂房、F#厂房存在地下消防水池兼水泵房，预计埋深 4.0m。

场区地形地貌属海陆交互相沉积层，大部分地段已整平，待建空地地形地势总体较开阔，地面高程为 12.06～14.43m，地面相对高差约 2.37m。拟建场地周边环境复杂程度一般，拟建场地北侧紧邻利源达厂区，南侧为规划横五路，西侧为聚禾厂区，东侧为相邻规划厂区空地。

二、标准贯入实验成果分析

据勘察钻孔揭露及地面调查，场区存在 3 层砂土层，分别为①细砂、③粉砂和⑤粗砂。

对现场各原位测试孔中进行标准贯入实验,以获取各砂层的实测标准贯入锤击数。在①细砂层内进行 89 次贯入测试,实测标准贯入锤击数 N 值为 13.0~31.0 击,平均值为 18.9 击。①细砂层、③粉砂层、⑤粗砂层标准贯入锤击数统计分布如图 7-2~图 7-4 所示。

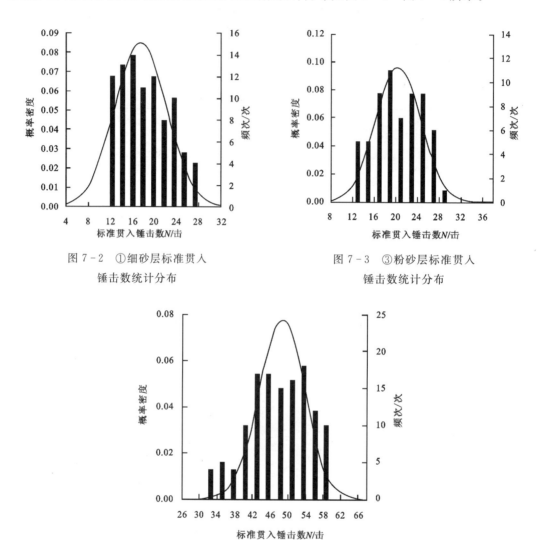

图 7-2 ①细砂层标准贯入锤击数统计分布

图 7-3 ③粉砂层标准贯入锤击数统计分布

图 7-4 ⑤粗砂层标准贯入锤击数统计分布

实测标准贯入锤击数的正态分布曲线拟合较好,大于 15 击的频次占样本总容量的 72%;在③粉砂层内进行 62 次贯入测试,实测标准贯入锤击数 N 值为 13.0~29.0 击,平均值为 19.2 击,实测标准贯入锤击数的正态分布曲线拟合较好,大于 15 击的频次占样本总容量的 92%;在⑤粗砂层内进行 128 次贯入测试,实测标准贯入锤击数 N 值为 36.0~57.0 击,平均值为 48.50 击,实测标准贯入锤击数的正态分布曲线拟合较好,大于 45 击的频次占样本总容量的 82%。以上表明,①细砂层与③粉砂层的标准贯入锤击数相近,具有较为接近的力学性质,而⑤粗砂层的标准贯入锤击数明显比①细砂层、③粉砂层大。

第八章 旁压实验

第一节 概 述

旁压实验(pressure meter test,简称 PMT)是在 1933 年由德国工程师寇克娄(Kogler)发明的,它是利用旁压器对钻孔壁施加横向均匀应力,使孔壁土体发生径向变形直至破坏,利用量测仪器量测压力与径向变形的关系推求地基土力学参数的一种原位测试方法,亦称横压实验。旁压实验按旁压器放置在土层中的方式分为预钻式旁压实验、自钻式旁压实验和压入式旁压实验。预钻式旁压实验和自钻式旁压实验适用于确定黏性土、粉土、黄土砂类土、软质岩及风化岩等地基的承载力与变形参数。预钻式旁压实验是事先在土层中预钻一竖直钻孔,再将旁压器放到孔内实验深度(标高)处进行实验。预钻式旁压实验的结果很大程度上取决于成孔的质量,常用于成孔性能较好的地层。自钻式旁压实验是在旁压器的下端装置切削钻头和环形刃具,在以静力压入土中的同时,用钻头将进入刃具的土切碎,并用循环泥浆将碎土带到地面、钻到预定实验深度后停止钻进,进行旁压实验的各项操作。

旁压实验作为一种原位勘察测试技术,可以在不同深度的土层或软岩中进行测试,提供土层或软岩的有效力学参数,包括测求地基土的临塑荷载和极限荷载强度,从而估算地基土的承载力;测求地基土的变形模量,从而估算沉降量;估算桩基承载力;计算土的侧向基床系数;根据自钻式旁压实验的旁压曲线推求地基土的原位水平应力、静止侧压力系数。目前,旁压实验已经应用到黄土地基、软土地基、冻土地基和软岩地基的勘察测试中,为设计部门提供可靠的参数。本章主要介绍预钻式旁压实验,了解旁压实验的实验原理、适用范围、仪器配备、步骤、数据的记录整理。掌握了旁压实验方法后,再结合具体的工程实例成果分析,把成果运用于项目工程实践中。

我国在 20 世纪 70 年代末期开始研制旁压仪设备,80 年代逐步开始旁压试验的实践、推广及工程实际应用。1957 年,法国道路桥梁工程师梅那(Ménard)成功研制了三腔式旁压仪,因其应用效果良好而推广普及到全世界。20 世纪 90 年代末,徐光黎、前田良刀等开发了原位剪切联合旁压实验仪,能同时测出抗剪强度、变形模量等力学参数,后改进成自钻式原位剪切旁压仪。随着我国基础设施建设和城市都市化的发展,一些大工程和高层建筑物日益增多,这些工程要求勘察能提供准确、可靠的地基岩土的物理力学参数。旁压实验应用广泛,但经过了几十年的发展,依然没有改变横向加载的特征,对于具有各向异性的土体,不能获取全面的土体参数。

第二节　实验的基本原理与仪器设备

一、实验的基本原理

旁压实验是通过旁压器在竖直的孔内加压使旁压膜膨胀,并由旁压膜(或护套)将压力传给周围土体(或软岩),使土体产生变形直至破坏,并通过量测装置测得施加的压力与岩土体径向变形的关系,从而估算地基土的强度、变形等岩土工程参数的一种原位实验方法。

旁压实验可理想化为圆柱孔穴扩张课题,典型的旁压曲线如图8-1所示。旁压曲线可分为3段:AB段为初始段,反映孔壁扰动土的压缩;BC段为似弹性阶段,压力与体积变化为直线关系;CD段为塑性阶段,压力与体积变化成曲线关系,随着压力的增大,体积变化越来越大,最后急剧增大达到破坏极限。AB段与纵轴的截距为p,AB与BC段的界限压力p_0相当于初始水平应力;BC与CD段的界限压力p_f相当于临塑压力,CD末端渐近线的压力p_L为极限压力。

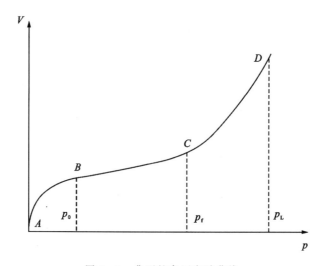

图8-1　典型的旁压实验曲线

依据旁压曲线似弹性阶段(BC段)的斜率,由圆孔扩张轴对称平面应变的弹性理论解,可求得旁压模量E_M和旁压剪切模量G_M:

$$E_M = 2(1+\mu)\left(V_c + \frac{V_c + V_f}{2}\right)\frac{\Delta p}{\Delta V} \quad (8-1)$$

$$G_M = \left(V_c + \frac{V_o + V_f}{2}\right)\frac{\Delta p}{\Delta V} \quad (8-2)$$

式中:μ为土的泊松比;V_c为旁压器的固有体积(cm^3);V_f为与临塑压力p_f对应的体积(cm^3);$\Delta p/\Delta V$为旁压曲线的斜率;V_o为与初始压力p_0对应的体积(cm^3)。

旁压实验的优点是可在不同深度上进行测试,特别是可用于地下水位以下的土层,所求地基承载力值和平板载荷实验所求的相近,且精度高。

二、实验设备

旁压实验所需的仪器设备主要由旁压器、变形测量系统和加压稳压装置等部分组成。

预钻式旁压仪设备应符合下列规定:

(1)预钻式旁压仪设备分低压型和高压型两类,由旁压器、加压稳定装置、变形量测系统、导管和水箱组成。旁压器结构形式有三腔式圆筒形(图8-2)和单腔式圆筒形两种。

图8-2 三腔式旁压器

(2)加压稳定装置包括压力源、压力表、调压阀等,压力表最小分度值不应大于满量程的1%。

(3)变形量测系统包括测管和轴管,测管水位刻度最小分度值不应大于1mm,量测体积变化刻度的最小分度值不应大于0.5cm^3。

(4)导管分多根单管和同轴导管两种,导管两端接头应密封且装卸方便。

(5)成孔工具应使用勺钻、环刀成孔器、取样器、回转钻机及泥浆泵等。

自钻式旁压仪设备应符合下列规定:

(1)自钻式旁压仪由旁压器、气压控制装置、数据采集装置、钻头、钻杆及循环液套管、动力装置、导管、高压气源装置等部件组成。

(2)旁压器为圆柱形结构,底部装有管靴及回转钻头。旁压器有三腔和单腔两种形式,常用的结构形式和主要参数见表8-1。

表8-1 旁压器常用的结构形式和主要参数

型号	主要参数				实验荷载/MPa
	结构形式	总长度/mm	测量腔外径/mm	测量腔长度/mm	测量腔体积/cm^3	
梅纳型	三腔式	650	58	200	528.4	0~10
剑桥型	单腔式	1070	83~899	493±3	—	0~10

(3)气压控制装置由压力源连接管、压力表、减压阀、控制阀门和调压阀等组成。压力源应根据不同型号旁压仪设备的结构要求选用相应的压力源装置,宜采用高压氮气或其他相关压力源、油泵等。高压氮气经减压阀一级减压后通过精密调压阀对系统加压、稳压或卸压。

(4)变形测量系统由测管、位移传感器、压力传感器及数据采集仪等组成。测量精度应符合下列要求:①旁压仪压力精度的控制和测记误差不应大于1%,或分辨精度为0.1kPa;②旁压仪位移(体积)的测记精度反映到旁压器测量腔的单边径向变量测记误差不应大于总变量的1%,或位移分辨精度不应低于0.5μm。

(5)导管用于变形测量、压力控制系统与旁压器间的连接,分为多根单管和同轴导管两种,导管两端接头应密封且装卸方便。

(6)成孔工具应采用回转钻机、泥浆泵及钻头等。

第三节 实验技术要求

(1)充水。向水箱注满蒸馏水或干净的冷开水,旋紧水箱盖。注意实验用水严禁使用不干净水,以防生成沉积物而影响管道的畅通。

(2)安装仪器设备。将旁压仪(预钻式横压仪)中的旁压器(圆筒状可膨胀的探头)、控制加压系统(液压)和孔径变形量测系统(电测位移计)三部分按图8-3所示安装好。

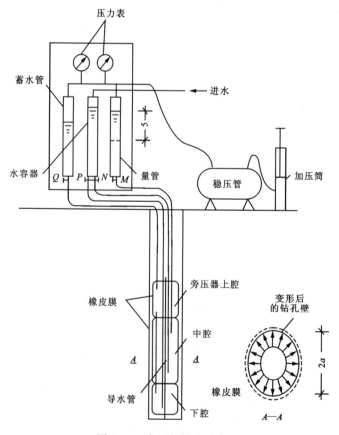

图8-3 旁压仪构造示意图

(3)平整场地。必要时,可先钻1~2个孔,以了解土层的分布情况。

(4)注水、排气。打开高压气瓶阀门并调节其上减压器,使其输出压力在0.15MPa左右。将旁压器竖置于地面,各阀门调到指定位置。旋转调压阀手轮,给水箱施加0.15MPa左右的压力,以水箱盖中的皮膜受力鼓起时为准,以加快注水速度。当水上升至(或稍高于)目测管的"0"位时,关闭注水加压阀门,旋松调压阀,打开水箱盖。在此过程中,应不断晃动。

(5)注水。将蒸馏水或干净的冷开水注满水箱,向旁压器和变形测量系统注水。

(6)调零。把旁压器垂直提高,使其测试腔的中点与目测管"0"刻度相齐平,小心地将旁压器注水阀旋至调零位置,使目测管水位逐渐下降至"0"位时,随即关闭旁压器注水阀,将旁压器放好待用。

(7)检查传感器和记录仪的连接等是否处于正常工况,并设置好实验时间标准。

(8)校正仪器。进行弹性模约束力和仪器综合变形的率定,压力表应一年标定一次;当进行弹性膜约束力标定时出现不均匀膨胀或弹性膜出现砂眼,必须更换弹性膜。下列情况需要标定:旁压仪首次使用或较长时间不用时;更换弹性膜需进行弹性膜约束力标定,为提高压力精度,弹性膜经多次实验后,应进行弹性膜复核校正;加长或缩短导管时,需进行仪器综合变形标定。

(9)标定。测试设备的标定是保证旁压实验正常进行的前提,标定共包括弹性膜约束力标定、仪器综合变形标定两项内容。

预钻式旁压仪弹性膜约束力的标定应符合下列规定:①标定时的环境温度宜接近将要实验的地层温度。②将旁压器竖立于地面,让弹性膜加、卸压共胀缩3~4次。③低压型旁压仪每级按10kPa,高压型旁压仪每级按25kPa,逐级加压;低压型按30s、60s、180s,高压型按15s、30s、60s,记录各级压力下的测管水位下降值s_m或旁压器测量腔体积膨胀量V_m。④根据压力表读数p_m与旁压器测量腔的静水压力之和(即总压力p)与测管水位下降值s_m或旁压器测量腔体积膨胀量V_m,绘制弹性膜约束力标定曲线$p-s$或$p-V$。

仪器综合变形值的标定主要是标定量管中的液体在到达旁压器主腔以前的体积损失值。此损失值主要是测管及管路中充满受压液体后所产生的膨胀。率定前将旁压器放存于内径比旁压器外径略大的厚壁钢管(校正筒)内,使旁压器在侧限条件下分级加压,压力增量一般为100kPa,加压5~7级后终止实验。在各级压力下的观测时间与正式实验样(即15s、30s、60s、120s),测量压力与扩张体积的关系,通常为直线关系。

(10)其他实验技术要求。①旁压实验应在有代表性的位置和深度进行,旁压器的量测腔应在同一土层内。实验点的垂直间距应根据地层条件和工程要求确定,但不宜小于1m,实验孔与已有钻孔的水平距离不宜小于1m。②预钻式旁压实验应保证成孔质量,钻孔直径与旁压器直径应良好配合,防止孔壁坍塌;自钻式旁压实验的自钻钻头、钻头转速、钻进速率、刀口距离、泥浆压力和流量等应符合有关规定。③加荷等级可采用预期临塑压力的1/7~1/5,初始阶段加荷等级可取小值,必要时可做卸荷再加荷实验,测定再加荷旁压模量。④每级压力应维持1min或2min后再施加下一级压力。维持1min时,加荷后15s、30s、60s测读变形量;维持2min时,加荷后15s、30s、60s、120s测读变形量。

第四节 实验操作步骤

1. 成孔

(1)钻孔直径比旁压器外径长2～6mm。

(2)尽量避免对孔壁土体的扰动,保持孔壁土体的天然含水量。

(3)孔呈规则的圆形,孔壁应垂直光滑。

(4)在取过原状土样和经过标准贯入实验的孔段以及横跨不同性质土层的孔段,不宜进行旁压实验。

(5)最小实验深度、连续实验深度的间隔、离取原状土钻孔或其他原位测试孔的间距以及实验孔的水平距离等均不宜小于1m。

(6)钻孔深度应比预定的实验深度深35cm(实验深度自旁压器中腔算起)。

2. 调零和放入旁压器

(1)将旁压器垂直举起,使旁压器中点与测管零刻度水平。

(2)打开调零阀,把水位调整到零位后,立即关闭调零阀、测管阀和辅管阀。

(3)把旁压器放入钻孔预定测试深度处,此时旁压器中腔不受静水压力,弹性膜处于不膨胀状态。

3. 进行测试

(1)打开测管和辅管阀,此时旁压器内产生静水压力,该压力即为第一级压力。稳定后,读出测管水位下降值。

(2)采用高压打气筒加压和氮气加压两种方式逐级加压,并测记各级压力下的测管水位下降值。

(3)加压等级宜取预估临塑压力的1/7～1/5,以使旁压曲线大体有10个点,方能保证测试资料的真实性。如果不易估计,可按表8-2确定。另外,在旁压曲线首曲线段和尾曲线段的加压等级应小一些,以便准确测定p_0和p_f。

(4)加荷后按15s、30s、60s或15s、30s、60s、120s读数。

(5)变形稳定标准。《岩土工程勘察规范(2009年版)》(GB 50021—2001)推荐采用1min和2min,按一定时间顺序测记测管水位下降值。

4. 终止实验

(1)加荷接近或达到极限压力。

(2)量测腔的扩张体积相当于量测腔的固有体积,避免弹性膜破裂。

(3)国产PY2-A型旁压仪当量管水位下降刚达36cm时(绝对不能超过40cm),即应终止实验。

表 8-2 旁压实验加荷等级表　　　　　　　　　　　　　　单位：kPa

土的特征	加荷等级	
	临塑压力前	临塑压力后
淤泥、淤泥质土、流塑黏性土和粉土、饱和松散的粉细砂	≤15	≤30
软塑黏性土和粉土、疏松黄土、稍密很湿粉细砂、稍密中粗砂	15～25	30～50
可塑—硬塑黏性土和粉土、黄土、中密—密实很湿粉细砂、稍密中密中粗砂	25～50	50～100
坚硬黏性土和粉土、密实中粗砂	50～100	100～200
中密—密实碎石土、软质岩	>100	>200

(4)法国 GA 型旁压仪规定，当蠕变变形等于或大于 50cm 或量筒读数大于 600cm 时应终止实验。

实验全部结束时，利用实验中系统内的压力将水排净后旋松调压阀。导压管快速接头取下后，应罩上保护套，严防泥砂等杂物带入仪器管道。

5. 实验记录

实验应记录工程名称、实验孔号、深度、所用旁压器型号、弹性膜编号及其率定结果、成孔工具、土层描述、地下水水位、正式实验时的各级压力及相应的测管水位下降值等。

第五节　实验数据整理与分析

1. 资料整理与成果应用

资料整理与成果应用应绘制旁压曲线、p-V 曲线（压力与体积变形量的关系）、p-$\Delta V_{30\sim60}$ 曲线（各级压力下 30～60s 的体积变形增量），如图 8-4 所示。

确定各特征压力（p_0、p_f、p_L）：

(1)延长 p-V 曲线直线段与 V 坐标轴相交得截距 V_0，p-V 曲线上与 V_0 相应的压力即为 p_0。

(2)p-V 曲线直线的终点或 p-$\Delta V_{30\sim60}$ 关系曲线上的拐点对应的压力即为 p_f。

(3)p-V 曲线上与 $V=2V_0+V$ 对应的压力即为 p_L，或作 p-$1/V$（压力大于 p_f 的数据）关系（近似直线），取 $1/(2V_0+V_c)$ 对应的压力为 p_L。

2. 预钻式旁压试验参数的确定

(1)计算旁压模量 E_m。根据压力与体积曲线的直线段斜率，按下式计算旁压模量 E_m：

$$E_m = 2(1+\mu)\left(V_c + \frac{V_0+V_f}{2}\right)\frac{\Delta p}{\Delta V} \times 10^{-3} \qquad (8-3)$$

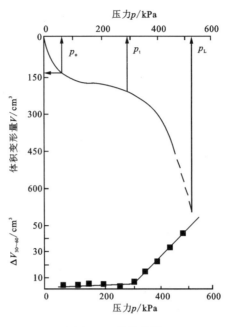

图 8-4 旁压曲线

式中：μ 为泊松比；V_c 为旁压器量测腔初始固有体积（cm^3）；V_0 为与初始压力 p_0 对应的体积（cm^3）；V_f 为与临塑压力 p_f 对应的体积（cm^3）；$\Delta p/\Delta V$ 为旁压曲线直线段的斜率（kPa/cm^3）。

（2）计算地基土的承载力。

临塑压力法：

$$f = p_f - p_0 \qquad (8-4)$$

极限压力法：

$$f = \frac{p_L - p_0}{k} \qquad (8-5)$$

式中：f 为地基容许承载力（kPa）；p_f 为临塑荷载（kPa）；p_0 为初始荷载（kPa）；p_L 为极限荷载（kPa）。当基础埋深较深时，也可直接用 p_f 或 p_L/k 作为该深度处的承载力（不必再作深度修正），k 为安全系数，一般可取 2.0～3.0。

（3）计算静止侧压力系数 K_0。

$$K_0 = \frac{p_0}{z\gamma} \qquad (8-6)$$

式中：z 为旁压器中心点至地面的土柱高度（m）；γ 为土的容重（kN/m^3）。

参数的求取此处简要举例，详情参考规范《铁路工程地质原位测试规程》（TB 10018—2018）。

第六节　工程案例分析

本节以某板桩码头工程地质勘察中采用的 GA 型预钻式三腔旁压仪的测试实验为例，介绍旁压实验成果的分析（赵明强等，2012）。

一、工程项目概况

本工程项目为位于渤海湾某砂质海岸的港口项目,其码头主体拟采用钢筋混凝土地下连续墙结构方案,为查明码头前墙附近地基土体的水平压缩变形特征,专门进行土层现场原位旁压测试。工程勘察区范围内的土层以第四系沉积物为主,分布较规律,主要划分为三大层(表8-3)。

表8-3 码头区地层分布情况

土层名称	土层颜色与状态描述	标贯击数 N/击	土层底高程/m
①$_1$ 粉细砂层	灰—灰黄色,稍密—中密状,局部为松散状,土质不均匀,局部黏粒含量较高,夹粉质黏土薄层	10.6	-4.76~-99.20
②$_1$ 粉质黏土层	灰褐色,软塑状,中等塑性,土质不均,局部夹粉砂和粉土薄层,偶见贝壳碎屑	5.1	-10.62~-13.28
②$_2$ 黏土层	灰黑色,软塑状,中高塑性,近似淤泥质黏土,土质不均,含腐殖质及少量粉细砂团,局部夹粉砂薄层,偶见贝壳碎屑	3.0	
②$_3$ 粉质黏土层	灰褐色,软塑—可塑状,中塑性,含少量细砂团	3.8	
③$_1$ 细砂层	浅灰色、灰黄色,密实状,土质不均匀,夹粉土及粉质黏土薄层	50.0	未穿透

二、旁压实验成果的分析

1. p-V 曲线分析

具有代表性的 p-V 曲线形态如图8-5所示。图中除正常的典型旁压曲线外,还给出了4种非正常旁压曲线的代表形态。其中,a 曲线表明旁压器的外防护套发生破裂,以致气体泄漏压力降低,而体积值则急剧上升;b 曲线表明孔壁土发生扰动,成孔质量很差的情况;c 曲线表明由于钻孔直径过大,土体未能遭到破坏;d 曲线则表明由于钻孔直径过小,初始气压小于紧贴外部防护套的土体压力,旁压膜并未胀开,以致未能测得初始体积。

2. 旁压实验结果与标贯击数的对比

旁压实验和标准贯入实验均属现场原位测试,各土层原位测试结果的对比见表8-4。通过对表8-4中各土层指标进行分析,在黏性土中,$p_0/N_{63.5}=23.9\sim33.5$、$p_f/N_{63.5}=53.9\sim76.8$、$p_l/N_{63.5}=89.3\sim144.2$;在砂性土中,$p_0/N_{63.5}=8.9\sim12.3$、$p_f/N_{63.5}=35.1\sim43.9$、$p_l/N_{63.5}=81.2\sim100.1$。参考 Baguelin(1978)建议的黏性土稠度状态和砂土密实度

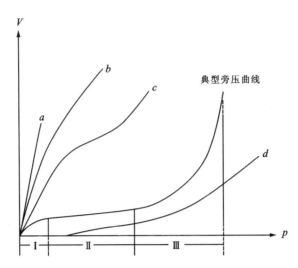

图 8-5 具有代表性的 p-V 曲线形态（据赵明强等，2012）

的划分，本工程码头区的②$_1$ 粉质黏土层和②$_2$ 黏土层均呈软塑状态，②$_3$ 粉质黏土层呈可塑状态；①$_1$ 粉细砂层呈松散状态，③$_1$ 细砂层呈密实状态。

表 8-4 各土层原位测试结果对比

土层名称	旁压测试的结果			标贯击数 $N_{63.5}$/击
	初始压力 p_0/kPa	临塑压力 p_f/kPa	极限压力 p_l/kPa	
①$_1$ 粉细砂层	94.5	372.6	863.3	10.6
②$_1$ 粉质黏土层	122.2	275.6	457.2	5.1
②$_2$ 黏土层	99.2	224.1	325.9	3.0
②$_3$ 粉质黏土层	116.0	292.0	547.8	3.8
③$_1$ 细砂层	615.0	2 197.1	5 003.6	50.0

土层状态的判断标准见表 8-5。

表 8-5 土层状态的判断标准

项目	土层状态	$(P_l - P_0)$/kPa
黏性土的稠度	流塑	0~75
	软塑	75~150
	可塑	150~800
	硬塑	800~1600
	坚硬	>1600

续表 8-5

项目	土层状态	(P_1-P_o)/kPa
砂土的密实度	松散	0~500
	稍密	500~1000
	中密	1000~1500
	密实	>1500

3. 地基承载力的对比

根据各岩土参数的标准值或推荐值,分别通过查表法、计算法、经验值法和旁压实验法估算各土层的天然地基承载力。旁压实验法中可根据临塑压力和极限压力分别估算天然地基承载力 f_k,采用临界压力值计算时 $f_k=p_f-p_0$;采用极限压力计算时,$f_k=(p_1 p_0)/F$,其中 P_0 为初始压力;p_f 和 p_1 分别为该土层的临界压力和极限压力;F 为安全系数,一般取 2.0~3.0,本实验中取 $F=2.5$。以不同方法估算的土层天然地基承载力结果如表 8-6 所示。从表 8-6 中各种方法估算天然地基承载力的结果对比可知,由两种旁压实验方法估算的天然地基承载力值比较接近,在第②层黏性土层中,旁压实验法与其他方法估算的天然地基承载力值比较接近;砂性土旁压实验法与其他方法相比,其估算的地基承载力值更接近实际情况。

表 8-6 用不同方法估算的土层天然地基承载力结果   单位:kPa

土层名称	查表法	计算法		经验值法	旁压实验法	
		按抗剪强度指标计算	按标贯击数确定计算		根据 P_f 推算	根据 P_1 推算
①₁ 粉细砂层	—		200	170	278	307
②₁ 粉质黏土层	135	78	87	100	153	134
②₂ 黏土层	80	61	87	9	124	90
②₃ 粉质黏土层	200	121	108	150	176	172
③₁ 细砂层	—		—	320	1582	1755

为了使设计结果可靠,需查明码头前墙附近地基土的水平压缩变形特征并提供相关设计参数,预钻式旁压仪能够较为客观地反映土层的强度和变形特性,旁压实验的成果可用于评价地基土的承载力、估算土的旁压模量等,对难以取得原状试样的砂性土层而言更具实用价值。

第九章 扁铲侧胀实验

第一节 概 述

扁铲侧胀实验(flat dilatometer test,简称DMT)是意大利学者Marchettis于20世纪70年代发明的一种原位测试技术,可作为一种特殊的旁压实验,是用静力(有时也用锤击动力)把一扁铲探头贯入到土中某一预定深度,利用气压使扁铲侧面的圆形钢膜向外扩张进行实验,量测不同侧胀位移时的侧向压力。扁铲侧胀实验最大的特点之一就是能够提供土体的应力历史信息,对处于超固结或欠固结状态土体的压缩模量的估算都能够很好地将应力历史的影响考虑进去。DMT实验已应用于水平或垂直载荷作用下深基础的设计、垂直载荷作用下浅基础的设计及压实控制等。

扁铲侧胀实验适用于软土、黏性土、松散—中密砂类土及粉土等,可用于判定土层类别与状态,确定静止侧压力系数、水平基床系数、饱和黏性土的不排水杨氏模量等。扁铲侧胀C值消散实验(简称DMTC消散实验)适用于饱和软黏性土,可用于测定土的水平固结系数。DMT指数除在说明土的特性中有独特价值外,还可获得一系列常规和重要的土工参数。此外,该实验还可建立侧向载荷下桩的$p-y$曲线判断砂性土的液化等。

目前市场上主流的扁铲侧胀设备包括标准扁铲侧胀仪和地震扁铲侧胀仪两种,其中地震扁铲侧胀仪除了常规的测试指标外,还能够提供场地的地震剪切波速V_s。该实验具有操作简便、连续测试、扰动小、成本低、重复性好等优点,可用静力触探贯入设备或钻机将扁铲直接压入土中,广泛应用于欧美发达国家,并编入欧洲的Eurocode7、美国的ASTM(American Society of Testing Materis,2002)等规范中。我国于1988年引入该技术,21世纪初在上海地区进行了大量研究,积累了不排水抗剪强度指标、固结系数等经验,并编入当地规范。黄土地区也有应用,但效果不理想(王云南等,2021)。

第二节 实验的基本原理与仪器设备

一、基本原理

实验时将接在探杆上的扁铲测头压入土中预定深度,然后施压,使位于扁铲测头一侧面的圆形钢膜向土内膨胀,量测钢膜膨胀3个特殊位置(A、B、C)的压力,从而获得多种岩土参数,适用于软土、一般黏性土、粉土、黄土和松散—中密的砂土。

扁铲侧胀实验时,膜向外扩张可假设为在无线弹性介质中圆形面积上施加均布荷载 Δp,如弹性介质的弹性模量为 E,泊松比为 μ,膜中心的外移为 S,则

$$S = \frac{4 \cdot R \Delta p}{\Pi} \frac{(1-\mu^2)}{E} \quad (9-1)$$

式中:R 为膜的半径($R=30 \text{mm}$)。

如把 $E/(1-\mu^2)$ 定义为扁胀模量 E_D,S 为 1.10mm,则上式可变为

$$E_D = 34.7 \Delta p = 34.7(p_1 - p_0) \quad (9-2)$$

而作用在扁胀仪上的原位应力即 p_0,水平有效应力 p_0' 与竖向有效应力 σ_{vo}' 之比可定义为水平应力指数 K_D:

$$K_D = (p_0 - \mu_0)/\sigma_{vo}' \quad (9-3)$$

式中:u_0 为静水压力。

而膜中心外移 1.10mm 所需的压力 (p_1-p_0) 与土的类型有关,定义扁胀(或土类)指数 I_D 为

$$I_D = (p_1 - p_0)/(p_0 - \mu_0) \quad (9-4)$$

可把压力 p_2 当作初始的孔压加上由于膜扩张所产生的超孔压之和,故可定义扁胀孔压指数 U_D 为

$$U_D = \frac{p_2 - \mu_0}{p_0 - \mu_0} \quad (9-5)$$

可以根据 E_D、K_D、I_D、U_D 确定土的一系列岩土技术参数,对路基、浅基、深基等岩土工程问题作出评价。

扁铲侧胀实验的工作原理如图 9-1 所示。

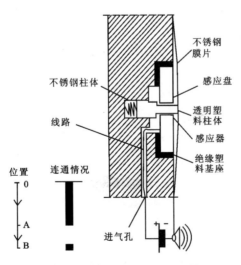

图 9-1 扁铲侧胀实验工作原理图

扁铲内部有一控制电路,当电路连通时检流计会有读数,同时蜂鸣器也会发声,以此给出膜片不同位移时的信号。绝缘塑料基座与感应盘及下面的钢体相连起着控制线路开关的

作用。当扁铲探头贯入土中时,膜片紧贴着感应盘,此时为零位置,电路连通,蜂鸣器发出声响。随着气压的输入,在一定时间内膜片并不移动直至内部压力与外部土压力平衡,随着气压的继续输入,膜片开始膨胀,并逐渐脱离感应盘,但依然和感应器相连,当膜片脱离感应器的瞬间(A位置,膜片相对感应盘位移为0.05mm),电路断开,蜂鸣器停止声响。直至膜片膨胀至不锈钢体柱和感应盘接触(B位置,膜片相对感应盘位移为1.10mm),蜂鸣器再次响起。此时可开始减压,当蜂鸣器停止声响的瞬间表明膜片回复至B位置,当蜂鸣器再次响起时,膜片方与感应器接触,到达C位置(与A位置同一点)。扁铲侧胀实验就是测读A、B、C位置时候的土体反力大小,进而将其换算成不同的指标来反映原位土的性质参数。

二、仪器设备

扁铲侧胀实验设备包括测量系统、贯入装置和压力源,测量系统包括侧胀板头、气电管路、控制装置和数据采集仪,贯入装置包括主机、探杆和附属工具,压力源可采用普通或特制氮气瓶。扁铲侧胀实验设备由1只扁铲形插板[图9-2(a)]、1个控制箱[图9-2(b)]、气-电管路、压力源、贯入设备、探杆等组成。

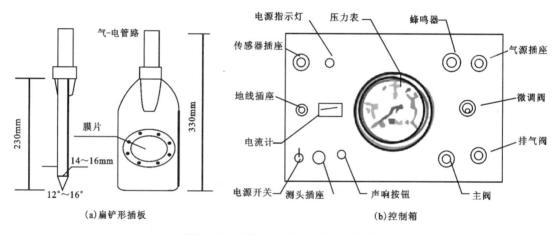

图9-2 扁铲侧胀实验设备主要组成

扁铲形探头长230～240mm、宽94～96mm、厚14～16mm,探头前刃角12°～16°,探头侧面钢膜片直径60mm,膜片厚约0.2mm,通过穿在杆内的一根柔性气-电管路和地面上的控制箱相连接。探头采用静力触探设备或液压钻机压入土中。扁铲测头不允许明显弯曲,在平行于轴线长150mm直边内,弯曲度应在0.5mm内,贯入前缘偏离轴线不允许超过2mm。

(1)测控箱和率定附件。测控箱内装气压控制管路,控制电路及各种指示开关,主要作用是控制实验时的压力和指示膜片3个特定位置时的压力量并传送膜片达到特定位移量时的信号。蜂鸣器和检流计应在扁铲测头膜片膨胀量小于0.05mm或大于1.10mm时接通,在膜片膨胀量大于或等于0.05mm或小于1.10mm时断开。测控箱与1m长的气电管路、气压计、校正器等率定附件组成率定装置,不仅可精确地测定膜片膨胀位置是否符合标准,还可以对膜片进行率定和老化处理。

(2)气电管路。气电管路由厚壁、小直径、耐高压尼龙管、内贯穿铜质导线、两端装有专用连通触头的接头组成,直径最大不超过12mm,具有小巧、连接可靠、牢固、耐用的特性,为DMT输送气压和准确地传递特定信号。用于测定的气电管路每根长25m,用于率定的气电管路长1m,配有特制的连接接头,可将两根以上的气电管路连接加长,并保持气电管路的通气、通电性能。

(3)压力源。DMT-W1仪器实验用高压钢瓶的高压气作为压力源,气体必须是干燥的空气或氮气。一只充气的15MPa的10L气瓶,在中等密度土和25m长管路的实验,一般可进行约1000个测点(约200m)。耗气量随土质密度和管路的增长而增加。

(4)贯入设备。贯入设备就是将扁铲测头送入预定实验土层的机具。目前,在一般的土层中是利用静力触探机具代替,而在较坚硬的黏性土或较密实的砂土层中,则利用标准贯入实验机具替代。实验的贯入力可用以确定入砂土摩擦角等岩土参数。因此,实验时最好有测定贯入力的装置。从目前情况来看,利用静探设备压入测头较理想,应优先选用。扁铲测头的贯入速率和静探探头贯入速率一致,即1.2m/min左右。

第三节 实验技术要求

一、实验注意事项

(1)贯入设备的能力必须满足实验深度的需要。

(2)实验时应使机座保持水平状态,采用水平尺校验,记录每次实验中实验孔的垂直度偏差。

(3)水上实验时,应有保证孔位不致发生移动的稳定措施;水底以上部位,宜加设防止探杆挠曲的装置。

(4)采用静力触探贯入设备时,气电管路应按探杆连接顺序一次穿齐,气电管路一端与侧胀板头连接,探杆长度应超过最大实验深度2~3m。

2. 实验准备工作

(1)实验时,测定3个钢膜位置的压力A、B、C。压力A为当膜片中心刚开始向外扩张,向垂直扁铲周围的土体水平位移0.05 ± 0.02mm时作用在膜片内侧的气压。压力B为膜片中心外移达1.10 ± 0.03mm时作用在膜片内侧的气压。压力C为在膜片外移1.10mm后,缓慢降压,使膜片内缩到刚启动前的原来位置时作用在膜片内的气压。

(2)每孔实验前后均应进行探头率定,取实验前后的平均值为修正值。膜片的合格标准:率定时膨胀至0.05mm的气压实测值$\Delta A=5\sim15$kPa;率定时膨胀至1.10mm的气压实测值$\Delta B=10\sim110$kPa。

(3)实验时,应以静力均匀地将探头贯入土中,贯入速率宜为2cm/s,实验点间距可取20~50cm。

(4)当膜片到达所确定的位置时,会发出一电信号(指示灯发光或蜂鸣器发声),测读相应的气压。一般3个压力读数 A、B、C 可贯入 1min 内完成。读数 A、B、C 经过仪器率定数值的修正,可转为 P_0、P_1、P_2。P_0 为初始侧压力(图9-3),P_1 为 1.1mm 位移时的膨胀侧压力(图9-3),P_2 为终止压力(回复初始状态侧压力)。

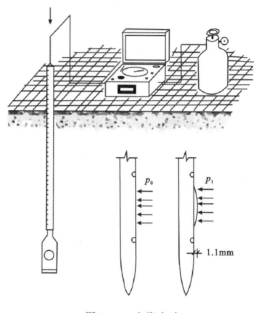

图 9-3 扁胀实验

(5)由于膜片的刚度须通过在大气压下标定膜片中心外移 0.05mm 和 1.10mm 所需的压力 ΔA 和 ΔB,标定应重复多次,取 ΔA 和 ΔB 的平均值。

(6)扁铲侧胀消散实验应在需测试的深度进行,测读时间间隔可取 1min、2min、4min、8min、15min、30min、90min,以后每 90min 测读一次,直至消散结束。

(7)当静压扁胀探头入土的推力超过 5t(或用标准贯入的锤击方式,每 30cm 的锤击数超过 15 击)时,为避免扁胀探头损坏,建议先钻孔,在孔底下压探头至少 15cm。

(8)实验点在垂直方向的间距可为 0.15~0.30m,一般采用 20cm。

(9)实验全部结束,应重新检验 ΔA 和 ΔB 值。

(10)若要估算原位的水平固结系数 C_h,可进行扁胀消散实验,从卸除推力开始,记录压力 C 随时间 t 的变化,记录时间可按 1min、2min、4min、8min、15min、30min…安排,直至 C 压力的消散超过 50% 为止。

3. 测读 A、B、C 压力值要求

(1)侧胀板头贯入至预定深度,蜂鸣器鸣响(电流计动作),关闭排气阀,慢慢打开微调阀,缓慢增加压力,在蜂鸣器和电流计停止响动瞬间,读取压力 A 值。

(2)压力从零到 A,加压时间应控制在 15s 内。实验土层均匀时,A 值可由既有测点值预估,低于预估值阶段快速加压,然后缓慢加压到 A。

(3)记录 A 值后,继续不停顿地缓慢加压,待蜂鸣器鸣响(电流计动作)瞬间,读取压力 B 值。

(4)记录 B 值后,必须快速减压至蜂鸣器停响,再缓缓卸掉剩余压力,蜂鸣器再响时,读取压力 C 值。

(5)实验点间距不应小于 20cm,连续贯入时宜为 20～25cm,C 压力值可每隔 10～2m 测读一次。

遇下列情况之一时应停止贯入,并在记录表上注明:

(1)贯入主机的负荷达到其额定荷载的 120%。

(2)贯入时探杆出现明显弯曲。

(3)反力装置失效。

(4)无反应信号或测不到压力 B 值或 B 值时有时无。

(5)B 值达到采集箱或气电管路的额定压力。

(6)气电管路破裂或被堵塞。

(7)实验中校核 $(B-A)$ 值时出现 $B-A<\Delta A+\Delta B$。

第四节 实验操作步骤

一、准备工作

(1)气电管路在探杆上的连接。静力触探贯入探头时管路贯穿探杆;钻机开孔锤击贯入探头,可按一定的间隔直接用胶带绑在钻杆上;逐根连接探杆。

(2)检查测控箱、气压源等设备是否完好,提前估算气压源是否满足测试的要求,彼此用气电管路连接。

(3)地线接到测控箱的地线插座上,另一端接到探杆或贯入机具基座上,检查电路是否连通。

二、测试过程

扁铲探头贯入速率应控制在 2cm/s 左右,实验点的间距取 20～50cm,贯入过程中排气阀始终是打开的。当探头达到预定深度后关闭排气阀,缓慢打开微调阀,当蜂鸣器停止响的瞬间记下 A 读数气压值;继续缓慢加压,直到蜂鸣器响时,记下 B 读数气压值;立即打开排气阀,并关闭微调阀以防止膜片过分膨胀而损坏,贯入下一点指定深度,重复下一次实验。

加压速率应控制在一定范围,压力从 0 到 A 值应控制在 15s 之内测得,B 值应在 A 值读数后的 15～20s 之间获得,C 值在 B 值读数后 1min 获得。注意:这个速率是在气电管路 25m 长的加压速率。

实验过程中应注意校核差值 $(B-A)$ 是否出现 $B-A<\Delta A+\Delta B$,如果出现应停止实验

检查原因，查看是否需要更换膜片。实验结束后应对扁铲探头进行标定，获得实验后的 ΔA 和 ΔB。注意：ΔA 和 ΔB 应在允许范围之内，且实验前后 ΔA 和 ΔB 相差不应超过 25kPa，否则实验数据不能使用。

第五节 实验数据整理与分析

一、实测数据修正

实验所得到 A、B、C 值，仅为对应位置时扁铲内部的气压，需将其换算成实际位置的土压力。定义 p_0 为扁铲感应盘面处，即零位置处的接触土压力，p_1 为膜片位移为 1.10mm 时即 B 位置处的土压力，p_2 为膜片回复至 A 位置时的终止土压力，则：

据压力 B 修正为 p_1（膜中心外移 1.10mm）的计算式为

$$p_1 = B - Z_m - \Delta B \tag{9-6}$$

式中：p_1 为膜片膨胀 1.10mm 时的膨胀压力（kPa）；B 为膜片膨胀 1.10mm 时气压的实测值（kPa）；Z_m 为压力表的零读数（大气压下）；ΔB 为空气中标定膜片膨胀 1.10mm 时气压实测值（kPa）。

把压力 A 修正为 p_0（膜中心无外移时，即外移 0.00mm）的计算式为

$$p_0 = 1.05(A - Z_m + \Delta A) - 0.05(B - Z_m - \Delta B) \tag{9-7}$$

式中：p_0 为膜片向土中膨胀之前作用在膜片上的接触压力（kPa）；A 为膜片-膜片膨胀 0.05m 时气压的实测值（kPa）；ΔA 为空气中标定膜片膨胀 0.05mm 时气压实测值（kPa）。

把压力 C 修正为 p_2（膜中心外移后又收缩到初始位移 0.05mm 的位置）的计算式为

$$p_2 = C - Z_m + \Delta A \tag{9-8}$$

式中：p_2 为膜片回到 0.05mm 时受到的终止压力（kPa）；C 为膜片回到 0.05mm 时气压的实测值（kPa）。

二、扁铲实验中间指数

(1) 土性指数 I_D 计算公式如下：

$$I_D = \frac{p_1 - p_0}{p_0 - u_0} \tag{9-9}$$

(2) 水平应力指数 K_D 计算公式如下：

$$K_D = \frac{p_0 - u_0}{\sigma'_{v0}} \tag{9-10}$$

(3) 扁铲侧胀模量 E_D 计算公式如下：定义扁胀模量 $E_D = \frac{E}{1-\mu^2}$，由 $s = 1.1$mm 得

$$E_D = 34.7\Delta p = 34.7(p_1 - p_0) \tag{9-11}$$

(4) 侧胀孔压指数 U_D 计算公式如下：

$$U_D = \frac{p_2 - u_0}{p_0 - u_0} \tag{9-12}$$

式中：p_0 为初始压力（kPa）；p_1 为 1.10 mm 时的膨胀压力（kPa）；p_2 为终止压力（kPa）；u_0 为静水压力（kPa）；σ'_{v0} 为土的有效自重压力（kPa）。

三、岩土参数评价

1. 土的状态和应力历史

从求得的压力 p_0 和 p_1 发现，在黏性土中 p_0 和 p_1 的值比较接近，在砂土中相差比较大。Marchetti 根据土性指数 I_D 对土体进行分类，如表 9-1 所示。

表 9-1 不同土体 I_D 值区间

土类	泥炭或灵敏黏土	黏土	粉质黏土	粉土	砂土
I_D 值	$I_D<0.1$	$0.1 \leqslant I_D<0.3$	$0.3 \leqslant I_D<0.6$	$0.6 \leqslant I_D<1.8$	$I_D>1.8$

2. 静止侧压力系数 K_0

侧胀水平应力指数与土的静止侧压力系数有很好的相关性，对于黏性土，Marchetti 提出的 K_0 统计式为

$$K_0=(K_D/1.5)^{0.47}-0.6 \tag{9-13}$$

我国铁路原位测试规程建议的估算静止侧压力系数的经验关系式为

$$K_0=0.30 K_D^{0.54} \tag{9-14}$$

砂土 K_0-K_D 的关系取决于砂土的内摩擦角和相对密度。Baldi 通过对 Marchetti 的 $K_0-q_c-K_D$ 关系图修正得出

$$K_0=0.376+0.095 K_D-0.001\ 7 q_c/\sigma'_{v0} \tag{9-15}$$

式中：q_c 为偏应力；σ'_{v0} 为土的有效自重（kPa）。

对于比较老的砂层一般取 -0.005，对新堆积的砂层则取 0.002。

3. 土的强度参数

（1）不排水抗剪强度 C_u。Marchetti 提出的计算 C_u 的表达式如下：

$$C_u=0.22\sigma'_{v0}(0.5 K_D)^{1.25} \tag{9-16}$$

利用上述公式计算的不排水抗剪强度与十字板剪切实验测出的值进行对比，上述公式计算出的值稍微偏小并且有局限性，但还是比较精确可靠的。

（2）砂土的内摩擦角。根据关系曲线可以确定 φ 值，还可以建立以下近似关系式：

$$\varphi_{\text{safe,DMT}}=28°+14.6°\times\lg K_D-2.1°\times\lg^2 K_D \tag{9-17}$$

4. 土的变形参数

（1）扁铲侧胀模量 M。扁铲侧胀模量 M 是一维竖向排水条件下的变形对 σ'_{v0} 的切线模

量,记为 M_{DMT},计算公式如下：

$$M_{DMT}=R_M \cdot E_D \qquad(9-18)$$

式中:R_M 为 I_D 和 K_D 的函数,关系如下:

当 $I_D \leqslant 0.6$ 时,$R_M=0.14+2.36 \lg K_D$;当 $0.6<I_D<3$ 时,$R_M=R_M,0+(2.5-R_M,0)\lg K_D$。当 $3\leqslant I_D\leqslant 10$ 时,$R_M=0.5+2\lg K_D$;当 $I_D\geqslant 10$ 时,$R_M=0.32+2.18\lg K_D$;当 $R_M<0.85$ 时,取 $R_M=0.85$。其中,$R_M=0.14+0.15(I_D-0.6)$。

对 DMT 实验和高精度的土工实验得出的 M 进行比较,结果见图 9-4。

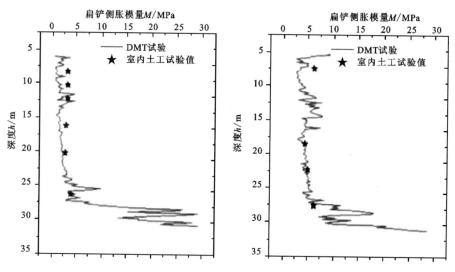

图 9-4 DMT 实验和高精度的土工实验得出的 M 比较结果

(2)杨氏模量 E。可以根据弹性理论由 M_{DMT} 推算出来：

$$E=\frac{(1+\mu)(1-2\mu)}{1-\mu}M_{DMT} \qquad(9-19)$$

式中:$M=0.25\sim0.30$,此时 $E=0.8M_{DMT}$。

我国铁路原位测试规程建议,对于 $\Delta p \leqslant 100$ kPa 的饱和黏性土,E 可按下式计算：

$$E=3.5E_D \qquad(9-20)$$

(3)土的侧向基床系数 K_h。陈国民根据扁铲侧胀实验的结果按下式估算地基土的侧向基床系数 K_h：

$$K_h=\Delta p/\Delta s \qquad(9-21)$$

由于扁铲侧胀实验是小应变实验,最大位移量仅为 1.10mm,土体的变形处于弹性阶段,估算的侧向基床系数偏大,与实际受力状态不同。根据室内压缩实验和载荷实验的应力应变形态,采用双曲线拟合扁铲侧胀实验的变形曲线形态,推导出实际工程中大应变条件下的侧向基床系数。

初始切线基床系数：

$$K_{h0}=955\Delta p \qquad(9-22)$$

变形曲线上任一点的割线基床系数：

$$K_{hs} = \alpha_t K_{h0}(1 - R_s R_f) \tag{9-23}$$

式中：α_t 为加荷速率有关的修正系数；R_s 为应力比，该点的应力与极限应力之比；R_f 为极限应力与破坏应力之比。

（4）土的水平固结系数 C_h。通过扁铲侧胀实验的消散实验可计算土的固结系数。探头贯入到实验深度后进行水平应力（主要是孔压）消散，计算固结系数 C_h 的过程如下：① 绘制 $A-\lg t$ 曲线；② 找出 S 形曲线的第二个转折点，并确定对应的时间 t_{flex}，再根据下式计算土的水平固结系数 C_h：

$$C_h \approx 7/t_{\text{flex}} \tag{9-24}$$

应注意的是，式（9-24）对应的是超固结土，对于欠固结土来说，C_h 的值会有所下降。

第六节　工程案例分析

本工程案例以武汉地区地铁线路建设中的原位测试为例，介绍扁铲侧胀实验在工程建设中的应用（官善友和孙卫林，2008）。

一、工程概况

武汉市轨道交通 2 号线一期工程为近南北转东西走向，横贯武汉市繁华地带。工程从汉口东北角常青花园起，在武汉关穿越长江，至终点鲁巷广场，全长约 27km，依次经过长江二级阶地、一级阶地、漫滩、一级阶地、三级阶地。

该工程所经过场地地质条件复杂，第四纪覆盖层厚度大，岩土种类多，岩性水平向变化较大，软土在一级阶地广泛分布，厚度变化较大，有多层地下水分布，第四系全新统及上更新统地下水具承压性，二级阶地、三级阶地分布有具弱膨胀潜势的老黏性土。而地铁隧顶埋深在地面下 3.0～5.0m，结构底板埋深一般为 12.0～15.0m，穿越繁华地段采用盾构方案，其他地段采用明挖方案。本工程项目除常规勘察要求外，还有静止土压力系数、水平基床系数、土层温度测量现场原位测试及土壤热物理指标测试等特殊要求，并首次在武汉地区重大工程中应用了扁铲侧胀实验。

二、扁铲侧胀实验成果分析

1. 划分土类

武汉市轨道交通 2 号线一期工程的常青花园站、金银潭站、范湖站、中山北路车场共完成了 21 个扁铲侧胀实验孔，实验区地层具有代表性。分层统计各土层塑性指数 I_P、扁铲侧胀材料指数 I_D 并进行对比分析，如表 9-2 所示。

由表 9-2 土层塑性指数 I_P、扁铲侧胀材料指数 I_D 对比分析得出：

表 9-2 各土层塑性指数 I_P、扁铲侧胀材料指数 I_D 对比分析

序号	岩土名称	I_P 平均值(范围)	I_D 平均值(范围)	备注
1	新近沉积黏土(Qh^{al})	18.8(13.7~29.9)	1.329(0.569~2.62)	黄褐色硬壳层
2	淤泥质粉质黏土(Qh^{al})	15.2(10.3~20.1)	0.551(0.149~1.357)	
3	黏土(Qh^{al})	20.9(12.1~33.3)	0.302(0.142~0.47)	
4	粉质黏土(Qh^{al})	15.3(7.3~25.1)	0.363(0.250~0.516)	
5	粉质黏土夹粉土、粉砂(Qh^{al})	15.7(8.2~27.9)	0.539(0.096~1.916)	
6	粉砂、粉土、粉质黏土互层(Qh^{al})	10.7(黏)、7.7(粉)	1.823(1.186~3.583)	
7	粉砂(Qh^{al})		2.805(1.89~8.912)	

(1)因武汉地区一、二级阶地以冲积与冲洪积为主,属非静水沉积环境,难以用扁铲侧胀材料指数 I_D 准确划分黏土、粉质黏土。

(2)一级阶地人工填土之下的新近沉积黏土因沉积年限较短、与地面距离小、受人类工程活动影响较大,扁铲侧胀材料指数 I_D 变异较大。

(3)武汉地区以扁铲侧胀材料指数 I_D 划分土类的标准如表 9-3 所示。

表 9-3 武汉地区扁铲侧胀材料指数 I_D 划分土类的标准

I_D		0.1		0.55	1.2		2.9
土类	淤泥	黏性土		粉土及互层		砂土
		黏土	粉质黏土	粉土	砂、粉土、粉质黏土互层	粉砂

2. 静止土压力系数

扁铲侧胀探头贯入土中,由于对周围土体产生了挤压变形,不能由扁铲侧胀实验直接测定土层原位侧向应力,但可通过对比分析建立静止土压力系数 K_0 与水平应力指数 K_D 的关系式。

静止土压力系数可以室内测定,也可通过以下关系式计算:

$$K_0 = 1 - \sin\varphi' \tag{9-25}$$

式中:φ' 为土层有效内摩擦角。

对武汉市轨道交通工程的扁铲侧胀实验、实验室测定和计算得出的黏性土静止土压力系数与水平应力指数进行对比分析,结果如表 9-4 所示。

对比可知,武汉地区第四系全新统黏性土扁铲侧胀水平应力指数 K_D 与静止土压力系数 K_0 的关系公式为

$$K_0 = 0.33 K_D^{0.54} \tag{9-26}$$

表 9-4 K_0 与 K_D 对比分析

序号	土层名称	计算 K_0	实测 K_0	K_D
1	黏土夹粉土		0.62	3.081
2	粉质黏土		0.52	3.239
3	黏土	0.71	0.74	3.293
4	黏土	0.59	0.56	3.259
5	粉质黏土夹粉土	0.64	0.54	2.963
6	粉质黏土	0.56		3.427
7	粉质黏土	0.66		3.312
8	黏土	0.59		2.827
9	黏土夹粉土	0.61		3.445
10	淤泥质粉质黏土	0.62		3.287
11	淤泥质粉质黏土夹粉土	0.54		2.970
12	黏土	0.62		2.470
13	粉质黏土	0.67		2.630

3. 估算土层水平基床反力系数 K_H

似弹性阶段土的水平向基床反力系数的计算公式满足式 $K_H = \Delta p/\Delta s$。对于扁铲侧胀实验,若考虑 Δs 为平均变形量时,其值为 2/3 中心位移量。对比室内实验测得的水平基床系数 K_H 与扁铲侧胀实验估算的水平基床反力系数 K_H 可知,扁铲侧胀实验估算的黏土水平基床反力系数与室内实验测定结果相近,而用扁铲侧胀实验估算的粉质黏土夹粉土、粉砂层 K_H 小于室内实验测定值(表 9-5)。

表 9-5 K_H 对比分析 单位:kPa

序号	土层名称	室内实验测得 K_H	扁铲侧胀实验估算 K_H
1	黏土夹粉土	16.0	21.1
2	粉质黏土	13.9	15.8
3	黏土	23.5	27.0
4	黏土	18.0	24.7
5	粉质黏土夹粉土	21.5	18.0
6	黏土	37.0	30.2
7	粉质黏土夹粉土、粉砂	71.0	33.7
8	粉质黏土夹粉土、粉砂	53.0	32.6

应当指出,$K_H = \Delta p/\Delta s$ 的应力状态与实际工程中的 K_H 处于弹—塑性阶段或塑性阶段的应力状态不同,估算的 K_H 值偏大很多,实际使用时需根据不同的应力状态、土性、工况及变形量乘以不同的修正系数,在基坑中修正系数取 0.1~0.4 时,与经验值较接近。

第十章 现场剪切实验

第一节 概 述

现场剪切实验可用于岩体本身、岩体沿软弱结构面和岩体与其他材料接触面的剪切实验,分为岩土体试体在法向应力作用下沿剪切面剪切破坏的抗剪断实验、岩土体剪断后沿剪切面继续剪切的抗剪实验(摩擦实验)、法向应力为零时岩体剪切的抗切实验。现场直剪试验可在试洞、试坑、探槽或径钻孔内进行。当剪切面水平或近于水平时,可采用平推法或斜推法;当剪切面较陡时,可采用楔形体法。

早在100多年前,现场直剪实验被Collin用于边坡稳定研究。早期的直剪实验仪均为应力控制式,第一台现代直剪仪是1932年Casagrande在哈佛大学设计的,Gilboy于1936年在麻省理工学院将位移控制引入到直剪仪中,从而可以得到土体材料较为准确的应力-位移关系和峰值以后的强度特性。

目前常规的室内直剪仪一般都是应变控制式,实验时用环刀切出厚为20mm的圆形土饼,将土饼推入剪切盒内,分别在不同的垂直压力p下,施加水平剪切力进行剪切,使试样在上下剪切盒之间的水平面上发生剪切至破坏,求得破坏时的剪切应力T,根据库仑定律确定土的抗剪强度参数:内摩擦角φ和黏聚力c。直剪实验所测试的岩土体抗剪强度在工程应用中具有重要的参考价值。

现场直剪实验目的是测定岩土体特定剪切面上的抗剪强度指标。由于土样的受剪面积比室内实验大得多,且又是在现场直接进行实验,因此现场直剪实验较室内实验更符合天然状态,得出的结果更加符合实际工程的技术要求。

第二节 实验的基本原理与仪器设备

一、基本原理

在现场对几个试样(不少于3个)施加不同的法向荷载,待其固结稳定后再施加水平剪力使其破坏,同时记录几个试样破坏时的剪切应力,绘制出剪应力与法向应力的关系曲线,继而可以得到土体在特定破坏面上的抗剪强度参数,即内摩擦角和黏聚力。

二、仪器设备

土的现场直接剪切实验主要设备由下列几部分构成：
(1) 剪力盒。用以制备和装盛土样。
(2) 法向荷载施加系统。由千斤顶、加压反力装置及滚动滑板构成，用以施加法向应力。
(3) 水平剪力施加系统。由千斤顶及附属装置(反力支座等)构成。
(4) 测量系统。由位移量测系统(位移计、百分表等)和力测量系统(力传感器)构成，用以测量法向荷载、法向位移、水平剪力、水平位移等。如图10-1是一种常见的现场直剪实验装置示意图。

图 10-1 常见的现场直剪实验装置示意图(唐辉明，2018)

第三节 实验技术要求

(1) 现场直剪实验每组岩体不宜少于5个，切面积不得小于$0.25m^2$。试样最小边长不宜小于50cm，高度不宜小于最小边长的0.5倍。试样之间的距离应大于最小边长的1.5倍。

(2) 每组土体实验不宜少于3个，剪切面积不宜小于$0.3m^2$，高度不宜小于20cm或为最大粒径的4~8倍，剪切面开缝应为最小粒径的1/4~1/3。

(3) 开挖试坑时，应避免对试样土体的扰动和使土样含水量发生显著变化。在地下水位以下实验时，应先降低水位待实验装置安装完毕、地下水位恢复后再进行实验。

(4) 在岩洞内进行实验时，实验部位的洞顶应先开挖成大致平整的岩面，以便浇注混凝土(或砂浆)反力垫层。在施加减力的后座部位，应按液压千斤顶(或液压钢枕)的形状和尺寸开挖。

第四节　实验操作步骤

一、实验前准备工作

1. 实验前的地质描述

地质描述为实验成果的整理分析和计算指标的选择以及综合评价岩体工程地质性质提供可靠依据。具体内容包括：

(1)实验地段开挖、试样制备方法及出现的问题。
(2)试点编号、位置、尺寸。
(3)试段编号、位置、高程、方位、深度、断面形状和尺寸。
(4)岩土体岩性、结构、构造、主要造岩矿物、颜色等。
(5)各种结构面的产状、分布特点、结构面性质、组合关系等。
(6)岩土体的风化程度、风化特点、风化深度等。
(7)水文地质条件，包括地下水类型、化学成分、活动规律、出露位置等。
(8)岩爆、硐室变形等与初始地应力有关的现象。
(9)实验地段地质横剖面图、地质素描图、钻孔柱状图、试样展示图等。

2. 试点的选择及整理

(1)选试点。实验场地应根据工程地质条件和建(构)筑物的受力特点等选择在具有代表性的地段。同一地质单元实验组数不得少于3组，每一组实验不应少于5个实验点且各实验点应在同一地质单元。

(2)试点整理。在所选试点上，对硐顶板及斜向(或水平)推力后座大致加工平整。预浇混凝土地基面起伏差控制在试样边长的1％～2％内(沿推力方向)，试样范围外起伏差约为试样边长的10％。

3. 试样制备

根据《岩土工程勘察规范(2009年版)》(GB 50021—2001)规定的试样布置、制备加工尺寸应符合一般规定：①试样宜加工成方形体或楔形体，一组试样数量不宜少于3个，并尽可能处在同一高程；②试样剪切面积不宜小于2500cm^2，边长不宜小于50cm，高度不宜小于边长的2/3，试样间距应大于1.5倍试样最短边长；③试样的推力部位应预留有安装千斤顶的足够空间，平推法应开挖千斤顶槽；④在实验之前，先测定混凝土的强度，为实验的分析提供合理参考依据；⑤如需混凝土浇筑试样，待浇注完毕可注水饱和，同时对混凝土进行养护，待28d后即可进行实验。如因为工作需要需提早进行实验，在浇注混凝土时可适当添加速凝剂，达到要求后即可实验。

二、实验前的资料准备

1. 斜推法实验

(1)加荷分析。首先应对每一个试样施加一定的垂直荷载,然后再施加斜向剪切荷载进行实验。由于斜向剪切荷载可分解为平行于剪切面的切应力和垂直剪切面的正应力,故一旦加上斜向荷载,剪切面上的正应力随之增加分量,从而出现了正应力的处理问题,即在剪切过程中,剪切面上的正应力是保持常数还是变数的问题。

当正应力为变数时,剪切面上的应力条件比较复杂,而且作出的剪应力-剪位移曲线图形失真,给实验成果的整理与分析都带来困难,因此现行规范将正应力视作常数处理。为此,在实验前就要求设计出试样应施加多大的垂直荷载和斜向荷载,才能使实验顺利进行。施力公式推导如下(图10-2)。

法向应力计算公式如下:
$$\sigma = P/A + Q\sin\alpha/A = p + q\sin\alpha (记 P/A = p, Q/A = q) \quad (10-1)$$

切向应力计算公式如下:
$$\tau = Q\cos\alpha/A = q\cos\alpha \quad (10-2)$$

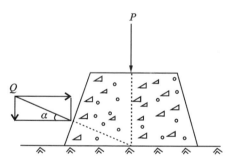

P. 作用于试件上的垂直荷载;Q. 作用于试件上的荷载;α. 斜向推力方向与剪切面之间的夹角。

图10-2 斜推法实验

(2)最大单位推力 q_{max} 的估算。在实验进行之前,需要预估试样发生剪切破坏时的最大单位推力 q_{max},从而计算出斜向总荷载 Q。据此,可在实验过程中分级施加斜向推力,直至试样剪断。在极限状态下,应力条件应满足库仑公式:

$$q_{max}\cos\alpha = \sigma\tan\varphi + c \quad (10-3)$$

$$q_{max} = \frac{\sigma\tan\varphi + c}{\cos\alpha} \quad (10-4)$$

因此,只要预估出剪切面下的 f(摩擦系数, $\tan\varphi$)与 c 值, α、φ 都可给定,则可计算 q_{max},然后乘以剪切面积 A 就是 Q_{max},按 Q_{max} 分级加载实验。

(3)同步加减荷载计算。在实验过程中,为了保持剪切面上的正应力为常数,因此逐级施加 q 的同时,须同步减少 p 值,同步加减的荷载按下式计算。

由 $\sigma = p + q\sin\alpha$ 可得出：

$$p = P/A = \sigma - q\sin\alpha \tag{10-5}$$

(4)最小正应力 σ_{min} 的确定。为了避免实验过程中 p 值不够减的情况发生，必须首先确定剪切面上的最小正应力 σ_{min} 值。为使在剪切时 $p \geqslant 0$，即 $\sigma - q\sin\alpha \geqslant 0$ 在极限状态下，还应满足：

$$q\cos\alpha = \sigma\tan\varphi + c \tag{10-6}$$

$$\sigma_{min} = \frac{c}{c\tan\alpha - \tan\varphi} \tag{10-7}$$

把根据试样实际情况估计的剪切面 f、c 及 α 值代入式(10-7)即可计算出剪切面上所需施加的 σ_{min} 值。如小于此值，将会出现 p 值不够减的情况。显然，还要估计 f、c 值接近剪切面的实际值。估计值偏大时，试样破坏时的斜向荷载 σ 将达不到设计的值，估计值偏小时，同样会出现 p 值不够减的情况。

2. 平推法实验

不需要减小 P 值，但实验前也要对剪切荷载进行估算。在极限平衡状态下，剪切面上的应力条件符合莫尔-库仑公式：

$$\frac{Q_{max}}{A} = \tan\varphi + c \tag{10-8}$$

$$Q_{max} = (\tan\varphi + c)A \tag{10-9}$$

如果根据岩性、构造等条件，预估出 f、c 值，代入式(10-9)即可估算出试样剪切破坏时最大剪切荷载，方便在实验过程中分级施加。

三、实验步骤及技术要求

(1)仪器的标定、检测。实验前，根据对千斤顶作的率定曲线和根据试样剪切面面积计算施加的荷载与压力表读数对应关系。检查各测表的工作状态，测读初始读数。

(2)施加垂直荷载。在每组(≥3 个)试样上分别施加不同的垂直荷载，试样上的最大垂直荷载以不小于设计法向应力为宜。当剪切面有软弱物充填时，最大法向应力以不挤出充填物为限。按变形控制时，荷载可分 4~5 级等量施加，每施加一级荷载，立即测记垂直变形，此后每隔 5min 读数一次，当 5min 内垂直变形值不超过 0.05mm 时，可施加下一级荷载。施加最后一级荷载后按 5min、10min、15min 的时间间隔测记垂直变形值，当连续两个 15min 垂直变形累计不超过 0.05mm 时，即认为垂直变形已经稳定，可施加剪切荷载。

(3)施加剪切荷载。剪切荷线的施加应符合下列规定：每级剪切荷载按预估计最大剪切荷载的 8%~10% 或按法向荷载的 5%~10% 分级等量施加。当施加剪切荷载所引起的剪切变形为前一级的 1.5 倍以上时，下级剪切荷载则减半施加。岩体按每 5~10min、土体按 30s 施加一级剪切荷载。每级剪切荷载施加完成后，应立即测记垂直变形量、剪切荷载与剪切变形量。当达到剪应力峰值或剪切变形急剧增加或剪切变形大于试件直径的 1/10 时，即认为已剪切破坏，可终止实验。试体剪断后可进行剪断面的残余抗剪强度实验，就是将抗剪实验后的试样推回原处,重新检查调整仪器设备使其符合要求,然后再次剪切。实验需要注意以下几点:①残余抗剪强度实验应分为单点法和多点法;②残余抗剪强度实验的各种垂直荷载的确定应与峰值实验的一致;③横向推力的施加应与峰值实验的一致。

(4)当完成各级垂直荷载下的残余抗剪强度实验后,应对现场实验结果初步绘制 σ-τ 曲线图,当发现某组数据不合理时,应立即补做该组实验。

四、实验记录

(1)实验前记录工程名称、岩石名称、试样编号、试样位置、实验方法、混凝土的强度、剪切面面积、测表布置、法向荷载、剪切荷载、法向位移、实验人员、实验日期等内容。

(2)实验过程中详细记录碰表、调表、换表、千斤顶漏油补压,混凝土或岩体松动、掉块、出现裂缝等异常情况。

(3)实验结束后翻转试样,测量实际剪切面面积,详细记录剪切面的破坏情况、破坏方式、擦痕的分布、方向及长度,绘出素描图及剖面图,拍照并计算实验后试样面积。当完成各级垂直荷载下的抗剪实验后,在现场对实验结果初步绘制 σ-τ 曲线,当发现某组数据偏离回归直线较大时,立即补做该组实验。

第五节 实验数据整理与分析

一、应力计算

现场直剪实验可参照试样受力示意图(图 10-3)分别按式(10-10)和式(10-11)计算垂直应力 p_V 和剪应力 p_H:

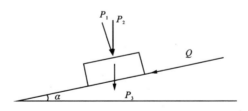

图 10-3 试样受力示意图

$$p_V = \frac{P_1 + (P_2 + P_3)\cos\alpha}{A} \tag{10-10}$$

$$p_H = \frac{Q - f(P_1 + P_2\cos\alpha) \pm (P_2 + P_3)\sin\alpha}{A} \tag{10-11}$$

式中:p_V 为垂直应力(kPa);p_H 为剪应力(kPa);P_1 为测力器测得的垂直荷载(kN);P_2 为测力器以下的设备重(kN);P_3 为试样自重(kN);Q 为剪切荷载(kN);f 为滚动滑板的摩擦数;

A 为试样剪切面面积(m^2);α 为剪切面与水平面的夹角(°)。

二、抗剪强度的取值

(1)以剪应力为纵坐标、剪切变形为横坐标,绘制剪应力 p_H 与剪切位移 L 关系曲线图(图 10-4),取曲线上剪应力的峰值为抗剪强度(τ)。

(2)当剪应力与剪切变形关系曲线上无明显峰值时,取剪切变形量为试样直径(或边长)1/10 处的剪应力作为抗剪强度(τ)。

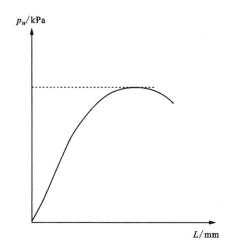

图 10-4 剪应力与剪切位移关系曲线

三、残余抗剪强度

以剪应力与剪切变形关系曲线上剪应力的稳定值作为残余抗剪强度(τ_T),如图 10-5 所示,值得注意的是,此稳定值即为相邻两次剪切应力的差值不大于10%。

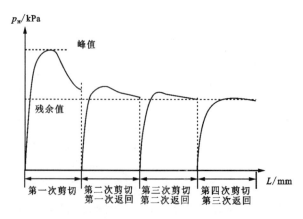

图 10-5 剪应力与剪切变形关系曲线

四、岩体黏聚力及内摩擦角的确定

以抗剪强度为纵坐标、法向应力为横坐标绘制抗剪强度与法向应力关系曲线,直线在纵坐标上的截距为黏聚力 c,直线的倾斜角为内摩擦角 φ,如图 10-6 所示,c、φ 的计算公式如下:

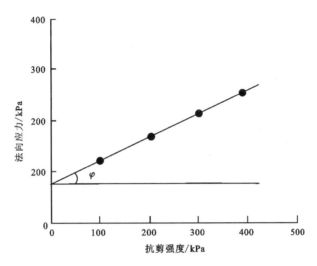

图 10-6 抗剪强度与法向应力关系曲线

$$c = \frac{\sum P_V^2 \sum \tau - \sum p_V \sum \tau \cdot p_V}{n \sum p_V^2 - (\sum p_V)^2} \quad (10-12)$$

$$\varphi \arctan \frac{n \sum p_y^2 \sum \tau - \sum p_V \sum \tau}{n \sum p_V^2 - (\sum p_V)^2} \quad (10-13)$$

式中:τ 为抗剪强度(kPa);n 为每组实验的试样个数(个)。

五、编制实验成果报告

实验工作全部结束后应编制实验成果报告,内容如下:

(1)文字部分。①各组实验的坐标位置及高程;②实验地层描述;③实验方法;④测力器和两侧变形仪表的精度;⑤c、φ 值;⑥实验过程中有关情况说明。

(2)图表部分。①实验段的地质剖面图;②各试样剪应力、剪切变形成果表及关系曲线;③抗剪强度、垂直压力成果表及关系曲线。

六、影响因素分析

(1)试样尺寸的影响。特别是含有节理、裂隙、层面和断层等要素的岩体试样,一般认为试样应具有一定数量的裂隙条数(100~200 条),或边长大于裂隙平均间距的 5~20 倍。结合岩体石力学建议方法和国内经验,规定如下:一般试样为 70cm×70cm×70cm;对完整坚硬岩石,试样为 50cm×50cm×50cm,试样受压剪切面积大于 2500cm²。

(2)剪切面平整度对抗剪度有重要影响,结合国内实践经验规定制备的剪切面,其起伏差不大于剪切方向边长的 1‰~2‰。

(3)在制备试样时,若软弱结构面或软弱岩石受到扰动,则将严重影响测定成果。因此,在制备过程中应严格防止扰动试样,才能取得可信的实验结果。

(4)剪切过程中,垂直压应力保持常量并尽量使其均匀分布;平推法的剪力作用线与剪切面间存在偏距,加大了垂直压应力的分布不均,影响测定成果。因此,规定实验中偏距应严格控制在剪切面边长的 5%以内。

直剪实验的剪力施加速率有快速、时间控制和剪切位移控制 3 种方式。国内经验表明,在屈服点以前,时间控制法和位移控制法得到的结果是一致的,但在屈服点之后位移持续发展,按位移就很难控制剪力施加速率,而采用时间控制则便于掌握。

第六节 工程案例分析

一、工程地质概况

江苏宜兴抽水蓄能电站上水库位于宜兴市西南郊铜官山主峰北侧的沟源坳地,由主坝、副坝和库周山岭围成。主坝为钢筋混凝土面板混合堆石坝,受地形条件所限,主坝建在倾斜建基面上。为了改善堆石坝下游坡的稳定和受力条件,在坝轴线下游 135.5m 处平行主坝轴线设置一道衡重式混凝土挡墙,以削短下游坝坡的长度,由该挡墙及其上游的混凝土面板堆石坝共同组成混凝土面板混合堆石坝。堆石坝筑坝材料来自上水库库区扩容开挖出的五通组石英岩状砂岩夹泥岩和茅山组岩屑石英砂岩夹泥岩(控制泥岩含量不大于 10%)。可行性研究阶段曾进行过室内和现场实验,库盆开挖料可以用于堆石坝次堆石区。但由于室内实验成果中这些库盆开挖料的软化系数偏小(0.4~0.5),而且室内击实实验有细颗粒增加偏多现象,故对其能否用于主堆石区有不同看法。为了验证堆石料在现场施工条件下的抗剪强度,项目组进行了五通组砂岩堆石料的现场大直剪实验。

二、方法介绍

图 10-7 为新型现场直剪实验法的概念图。该实验法用一格子状的剪切框代替常用的直剪实验仪中的上剪切盒,并取消下剪切盒,将格子状的剪切框直接埋于要测定强度的地盆中,在剪切框内的试样上先放上一块厚钢板,再在钢板上根据所需要的垂直荷载堆上重铁块。水平方向上用一链条拉动剪切框,使试样受剪。剪切力用连接在链条上的荷重计量测。在钢板的后侧中央部位设置一水平位移计,用于测量试样的剪切位移,同时在钢板的前后对角线上各设置一垂直位移计,试样的垂直位移取 2 只垂直位移计读数的平均值。

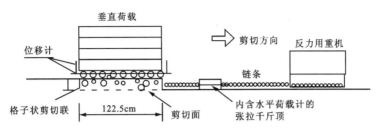

图 10-7 新型现场直剪实验法的概念图

图 10-8 为作用在新型现场直剪实验试样上各种作用力的示意图。由于垂直荷载没有直接施加在剪切框上,以及粒状材料在出现峰值强度时往往会剪胀,从而使剪切框处于悬浮状态,所以对于粒状材料剪切框底面与试样间的垂直力和摩擦力近似为零。因此,当试样出现剪胀时,剪切面上真正的剪切力 T 与垂直力 N 能够精确地计算出来,也就是说试样的抗剪强度能够精确地测定。另外,与常用的直剪仪不同的是,在剪切过程中,此实验剪切面的面积 A 保持一定。

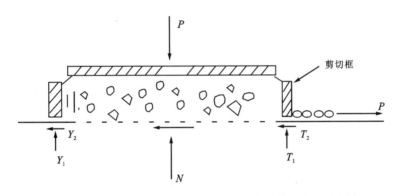

图 10-8 作用在新型现场直剪实验试样各种作用力的示意图

三、实验设计

图 10-9 为宜兴蓄能电站现场大直剪实验的概况。本次实验共使用 4 个剪切框,原因为在同一地点能快速地进行 4 次不同垂直应力条件下的实验。4 次实验除垂直应力不同以外,其他实验条件(如试样密度、各向异性、试料组成等)完全相同。剪切框由 45 号钢特制而成,其外形尺寸为 155.5cm(长)×146.5cm(宽)×20cm(高),内间距为 122.5cm×122.5cm,有效面积 15 000cm^2,单重 0.345t。剪切框内没有设置十字框。本次实验使用的试料为拟用于上水库堆石坝过渡层的五通组岩石爆破料,最大粒径为 30cm,实验前后试样颗分曲线如图 10-10 所示。由于本次实验的最大垂直荷重达 387.91kN,所以在实验现场专门浇筑了一个能抵抗水平拉力大于 600kN 的反力镇墩。

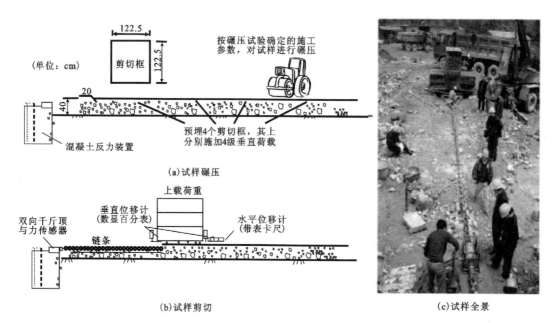

图 10-9 宜兴抽水蓄电站现场大直剪实验概况

四、实验结果

1. 抗剪强度

图 10-11 为实验得到的抗剪强度 τ_f 与垂直应力 σ 的关系图。4 个实验点基本落在一条直线上。图中的虚直线由最小二乘法拟合 4 个实验点而得。从该虚直线中得到抗剪强度参数 $c=33\text{kPa}$，$\varphi=41°$。因为堆石材料不能受拉，即 $\sigma<0$ 时，抗剪强度 τ_f 为零，$\sigma=0$ 时，抗剪强度 τ_f 不应该有突变，所以堆石材料的真正黏聚力 c 应为零，也就是说 $\sigma=0$ 时的抗剪强度 τ_f 值应为零，强度包络线应为通过原点的曲线。图中的实曲线为通过原点的指数关系 $\tau=A\sigma^b$，由 4 个实验点拟合而得 $A=4.31$，$b=0.73$。

由直线关系拟合强度包络线得到的黏聚力 c 值是由堆石材料的剪胀特性及压力依存性（与颗粒破碎有关）引起的。颗粒越破碎，强度包络线越弯曲，直线拟合得到的黏聚力 c 值就越大。本次实验得到的黏聚力 c 值与实验前后试样颗粒破碎的程度关联性并十分显著。从图 10-11 中可以看出，碾压剪切前后，5mm 以下颗粒含量的增加不是很大（最大为 4# 试样，从 11.5% 增加到 15.7%）。

2. 剪切应力正应力比-剪切位移-竖向位移关系

图 10-12 为 4 个试样剪切过程中剪切应力正应力比-剪切位移及竖向位移-剪切位移的关系图（图中竖向位移为剪切框前后侧位移计的平均值，并根据土力学的规定，剪缩为正，剪胀为负）。从图中可以看出，应力比（τ/σ）的最大值（峰值强度）随上载垂直（正）应力的增

加而减小(即从1#试样到4#试样依次减小),与此相应,试样的剪胀也逐渐减小。正应力小时(1#试样)剪切开始,试样很快就发生剪胀,而随着正应力增加(2#、3#、4#试样),试样开始剪缩,而后发生剪胀,这符合一般的规律。1#试样剪切时,每水平位移1.5mm测读1次数值,数据太少,尤其是峰值强度之前的数据太少。1#、2#、3#试样的竖向位移-剪切位移关系在途中发生转折,这是由于剪切框后侧的竖向位移计在剪切过程中超出了量程范围。

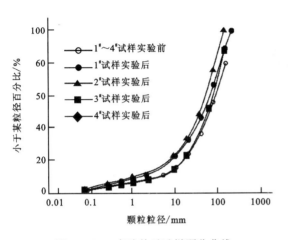

图10-10 实验前后试样颗分曲线

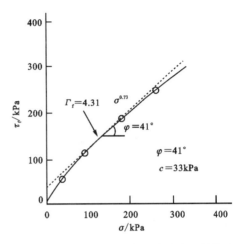

图10-11 抗剪强度 τ_f 与垂直应力 σ 的关系

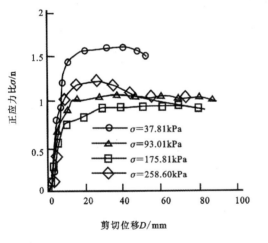

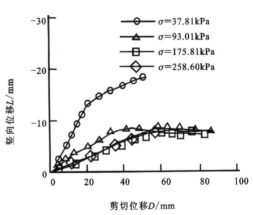

图10-12 正应力比-剪切位移及剪切位移-竖向位移的关系

3. 峰值强度前的应力比(τ/σ)-位移增量比($-dh/dD$)关系

图10-13为2#、3#、4#试样峰值强度前的应力比(τ/σ)与位移增量比($-dh/dD$)的关系图。$-dh/dD$为图10-12(b)中竖向位移-剪切位移关系曲线的斜率。1#试样由于峰值强度之前的数据太少,无法整理出此关系。从图中可以看出,2#、3#、4#试样峰值强度前的应力比(τ/σ)与位移增量比($-dh/dD$)的关系为很好的直线关系,且3个试样的直线关系比

较接近,其截距 $2^\#$、$3^\#$、$4^\#$ 试样依次有所减小,这与正应力增加试样的破碎程度增加、颗粒变圆有关系。图 10-13 的良好直线关系从另一个方面证明了该次实验结果的合理性。

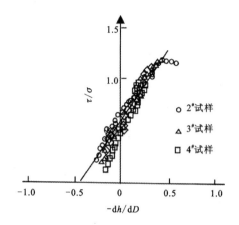

图 10-13　峰值强度前的应力比(τ/σ)-位移增量比($-\mathrm{d}h/\mathrm{d}D$)的关系

第十一章 岩体原位应力测试

第一节 概 述

地应力是存在于地层中的未受工程扰动的天然应力,也称岩体初始应力、绝对应力或原岩应力,广义上也指地球体内的应力。世界各地的实地应力资料表明,铅垂向的应力变化较之水平向的应力具有更大的可预测性,因为铅垂向的应力主要是受覆盖层重量的影响,当在岩体内开挖时,岩体的天然应力状态局部将受到扰动,而达到新的平衡状态。各种人为因素造成开挖周围的岩石应力称次生应力(induced stress)。与之相对应的则是初始应力(virgin stress)或绝对应力(absolute stress),它描绘了岩体原始的、未经扰动的应力状态。这种天然的应力状态常简称为原地应力(insitu stress)。天然应力状态地下的原地应力有时是很大的(相对于岩体的强度而言),由此而引起岩爆、裂开、弯曲、隆起或其他地层控制问题。在这样的情况下,了解原地应力状态对在岩体内工程结构的设计和施工尤为重要。

常用原岩应力的测试方法主要分为直接测量法和间接测量法。直接测量法包括扁千斤顶法、水压致裂法、刚性包体应力计法和声发射法,间接测量法包括套孔应力解除法、孔径变形法、孔底应力解除法、(空心和实心)包体应变法等。

岩体原位应力测试的目的是了解岩体中存在的应力大小和方向,从而为分析岩体工程的受力状态以及为岩体加固支护提供依据,同时还是预报岩体失稳破坏以及预报岩爆的有力工具。本章主要介绍直接测量法中的扁千斤顶法。

第二节 实验的基本原理与仪器设备

一、适用范围

扁千斤顶法是要确定平行和靠近开挖出露的岩石表面的岩石应力。由于每次量测只能确定一个方向的应力,因此要确定应力张量,至少需要在各个独立方向上进行 6 次测量。该方法包含观测位的两侧许多对测针的移动,以及当开槽时及其后来向槽内加压时测针位置的移动,即使在破碎的岩石中也可以进行量测,只要有可能切割出槽并且在安装扁千斤顶的整个过程中槽能保持张开即可。这个方法也可用于非可逆的弹性材料或非各向同性材料,但为使成果有效,需进行校正。

二、仪器设备

(1)扁千斤顶是由两块薄钢板或其他适当材料绕其周边焊接而成,形如一个扁平的面积至少为 $0.1m^2$ 的气囊与油管和泄油阀相连的一个进油嘴结合在一起的设备,如图 11-1 所示。扁千斤顶形状的选择取决于选用切割槽的方法。在焊接扁千斤顶的周边和进油嘴时应特别小心,以使千斤顶在安装和满注实验压力时,既有一定扩张的柔性又不致泄漏。

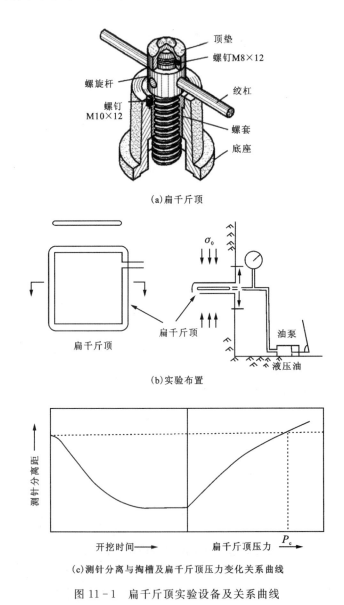

(a)扁千斤顶

(b)实验布置

(c)测针分离与掏槽及扁千斤顶压力变化关系曲线

图 11-1 扁千斤顶实验设备及关系曲线

(2)附有稳压器的液压泵可以是手动操作,也可以是电动操作,估计应力的测压计精度至少应达到 5mm,由高压管路连接的系统应在所要求的量程范围内至少保持压力达 5min。

(3)用灌浆固定两对或两对以上的测针于扁千斤顶槽两侧的岩石钻孔中。典型的测针直径12mm、长150mm,实际尺寸可按岩石性质而定。除测针表面测量外,还可设置钻孔量测设备(应力计)。如遇靠近表面部分的岩石因开挖工艺而遭到破坏时,最好是避开这些破坏了的岩石量测一定深部的位移。

(4)一个可拆卸的机械式或电动式位移计,其平均长度在150mm～220mm之间,或者是对较大的扁千斤顶而言,取千斤顶尺寸的1/3～1/2。

切割扁千斤顶槽的工具是适用于岩石的钻孔或岩锯。掏槽的方法可采用搭接式的钻孔,也可用圆盘锯或线锯。若采用搭接式钻孔时,钻孔直径不应超过40mm,而且孔与孔的搭接应是钻孔直径的1/3～1/2,安装支架、模板、夹具,还有其他用于保证测针的钻孔和安装测针以及切割埋没千斤顶槽的准确的设备。

若用灌浆、浆材以及灌浆设备安装测针和扁千斤顶时,灰浆的抗压强度应与所实验岩石的强度接近,通常采用波特兰水泥或环氧树脂。由于后者能较快地达到最高强度,一般用于锚固测针。

第三节 实验技术要求

表11-1总结了采用扁千斤顶量测原地应力的误差与量测不准的因素。

表11-1 采用扁千斤顶量测原地应力的误差与量测不准的因素

产生误差或量测 不准的原因	调整、计算允许范围	可能的误差或 修正值
①实验位置处于受扰地区; ②在加载时扁千斤顶与槽的接触面积发生变化; ③应力应变特征的不可复性; ④二维应力场; ⑤槽与扁千斤顶尺寸不同; ⑥量测系统; ⑦扁千斤顶的刚度效应	①开挖时格外小心,检查岩槽位置,用位移测量和控制岩石的刚度在模型槽内认真进行率定; ②对扁千斤顶循环加压以确定这种不可重复性的范围,如果千斤顶的初始尺寸不能恢复则应定出一个允许千斤顶刚性发生变化的范围,在这方面能否做进一步的实验工作; ③根据线弹性进行数学修正; ④根据线弹性进行数学修正设备的标准误差	①可使测试成果完全无效,在高应力条件下,修正10%～15%,应力小时应提高; ②取决于岩石种类及地应力的水平。在原地应力低时,可能产生相当大的误差; ③0至>10%,取决于扁千斤顶的几何形状和相对刚度

(1)当采用搭接式钻孔法掏槽时,选择扁千斤顶的形状需考虑地质和裂隙分布状况。一般选用矩形,最小尺寸为300mm×300mm;当采用锯片切割时,扁千斤顶必须根据锯片形状制成圆盘形,只要可行,最好采用锯的方法,且最好不用灰浆,这时要求用锯切割出一个具有光滑壁面的平槽,其大小正好适合安放扁千斤顶。

(2)宜采用圆盘锯,因它能刻出光滑而宽度均匀的槽,但其切割深度有限,一般只能切割一条深度小于锯片半径的半圆形槽。有一种专利方法,用一个具有中心驱动轴的锯插入事先已钻的钻孔中进行锯切,它可以伸至任何深度。

(3)边缘效应可这样考虑:先估计沿平板千斤顶周边不起作用部分的宽度,从总宽度中扣除这部分宽度,最后减去使用应力和扁千斤顶的有效面积与岩槽面积之比的乘积,在压力实验机上对扁千斤顶进行率定,可提供更准确的修正方法,尤其是对半圆形扁千斤顶。

(4)如果槽切割后测针的移动彼此分离,说明实验位置的岩石应力分量是拉应力,则不能采用这种方法来测量。

第四节 实验操作步骤

一、地点选择

选择实验区域时,必须充分考虑在此区域内能进行的实验数目。如想取得完整的应力张量,则至少需在独立的方向进行6次实验。并且,在对成果进行评定之后,往往还会提出要在某个位置进行补充实验,以便得到最适合的数学式。在隧洞或巷道中最好进行9点实验,实验布置3点在洞顶,3点在边墙,另3点在掘进工作面。

图11-2是说明扁千斤顶槽布置的一个例子,这些实验应在互不干扰的前提下尽可能相互靠近,而且与洞任何一端的距离是5倍以上的洞径。实验区的位置一旦确定,开挖时应尤其小心。建议先采用预裂法开挖实验平硐,然后采用手工开挖并全部清除浮渣。

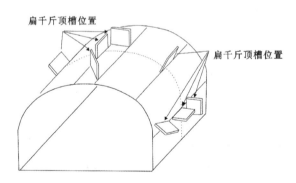

图11-2 扁千斤顶顶槽布置实例

二、试点的选择与准备

(1)每个实验位置的岩石应坚固、平坦或略呈凹面,当用钢钎凿岩时,应有清脆的响声(而不应是里面有空洞的声响)。如一时找不到合适的位置,应采用手工或电动工具开挖处理实验表面,应尽可能修正局部超挖隧洞形状。

(2)试点的岩面与有明显地质不连续面或缺陷之间的距离至少应是扁千斤顶槽长度的3倍,实验如遇节理密集的岩石,能够挖出足够长度的槽来安装扁千斤顶即可。

三、率定

焊接引起的边缘效应,导致千斤顶内部液压高于其作用在槽壁的压力,尤其是对小尺寸的扁千斤顶,应按适当的实验室方法测量这个差值,并应提供每个扁千斤顶的相应率定系数。所有的压力和位移量测设备都应在每次实验前应进行率定。率定应在一个独立的测试实验室内进行。

四、安装和实验

(1)计划的扁千斤顶槽长边应与拟测岩石应力的方向垂直($\pm 3°$)。

(2)各对测针都应对称地置于千斤顶槽两侧标定的位置,测针之间的距离由位移计测定。同一对测针间的连线应垂直岩槽,偏离角不大于$3''$。

(3)将模板置于已处理的岩面上,按实验要求标出测针的位置。钻出将用灌浆埋没测针的孔,而后将测针定位并量出其初始间距读数,重复多次读数,直到相邻读次间的差达0.005mm。

(4)在切割的过程中应特别小心使槽保持不偏离要求的方位并垂直于岩面。通常掏槽的切割深度大于千斤顶的尺寸,并使加载的面积离开岩面至少25mm,这可防止在加压过程中岩石的局部破坏。

(5)钻孔时应保存岩芯,并将其连续排列摄像,记录实验范围的地质特征。如无岩芯资料,则岩石的性状应通过观察岩石表面或在距实验范围不小于2倍千斤顶长度的位置钻孔来描述。

(6)当槽切割后,再次观测位移读数并记录槽的闭合量,观察槽的闭合究竟是瞬间发生的,还是随时间而变的。

(7)将扁千斤顶塞入槽中,必要时可以灌浆但必须严防浆体中夹入气泡。如出现气泡,扁千斤顶有可能会遭到破坏或使实验结果不可靠。

(8)浆体凝固后,即可向扁千斤顶加压。采用根据量测位移量逐级加压的方式并用液压泵系统控制压力。在要求的最大压力量程范围内压力增量应取得不少于10个读数。

(9)量测每次压力增量测针间距的读数,压力应增加到使测针间距与未掏槽前的同等数值时为止,这个压力称为解除压力。

第五节 实验数据整理与分析

一、实验数据计算

(1)记录的油压需经修正后才能得到实际作用在槽上的压力。修正时要采用第十章第四节"三、实验步骤及技术要求"讨论过的边缘效应和压力计的率定系数。

(2)槽的闭合和张开值均可从每一对测针在每一次开槽加压增量后的读数减去其初始读数计算而得。

(3)只要是由一系列的加载-卸载循环实验确定的,测针的分离间距与压力关系曲线不出现显著的滞后现象,则掏槽前垂直作用在扁千斤顶平面上的应力分量约等于平均解除压力。

(4)利用扁千斤顶布置确定应力的扁千斤顶法,只能得出孔洞附近的扰动应力分量。根据这些资料,弹性理论或数字模型技术可以推断孔洞以外未扰动的初始应力。

二、报告成果材料

(1)实验地点位置的描述。
(2)在实验区内各实验位置的细节。
(3)岩石种类及局部地质构造。
(4)用图与照片说明所采用的步骤和设备。
(5)扁千斤顶的制造厂家、规格和率定资料。
(6)扁千斤顶和测针的几何形状图。
(7)有关扁千斤顶槽的开挖方法以及所遇到的问题(如有的话)。
(8)所用位移计的型式、制造厂家和率定资料。

三、每次使用扁千斤顶实验的详细情况

(1)掏槽前测针的初始位移。
(2)掏槽后的测针位移(紧接掏槽之后的位移以及扁千斤顶加压以前的几次位移)。
(3)历次测针位移与扁千斤顶压力变化关系的数值表和图。
(4)实验结果和用以估算初始应力的方法的解释。
(5)指出与其他资料相比有重大差异的实验成果,并就其原因作出可能的解释。

第六节 工程案例分析

某电站曾采用钢环法测定山岩压力,具体实验情况如下。

选一实验平硐作为实验段,钢环系一直径约 20cm、宽 5cm 的钢环,可安装千分表,先在压力机进行率定,然后用工字钢做成的支柱将其顶在顶板上。顶板弯形可通过千分表的变化表示出来,以此推定荷载(山岩压力)值。

在一实验段上的钢环布置如图 11-3 所示。

该实验段埋深 58m,硐面积 $2m \times 2m = 4m^2$,系花岗岩(灰白色中粒),曾观测 86d 和 103d,根据实验结果计算了山岩压力的纵向分布、山岩压力的横向分布、山岩压力值、以最大压力值反推的 f 值。

先在壁面垂直硐轴线方向安设钢弦应变计,然后在应变计上面或下面掏一比扁千斤顶($55cm \times 35cm \times 4.5cm$)稍大的水平槽,将扁千斤顶放进并充填砂浆。

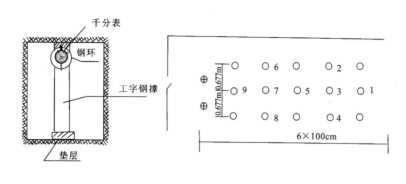

图 11-3 钢环布置图

在放扁千斤顶前应测钢弦频率,扁千斤顶放好后加水压,直至应变计读数回到掏槽前数值,然后依加压值大小计算岩体内应力。

实验布置如图 11-4 所示,先挖一实验坑道,然后设置用角钢或槽钢做成的八角撑或十二角撑,将钢垫分别设置在角撑各边上,用高压水泵向钢垫内部加压 P,然后测定岩体变形 Y,按下式计算该点的岩石抗力系数 K 值:

$$K_0 = \frac{P}{Y} \cdot \frac{\gamma}{100} \tag{11-1}$$

式中:γ 为坑道中心至测定的半径,依 K_0 值 α 计算出 E_0 值:

$$E_0 = 100(1+\mu)K_0 \tag{11-2}$$

式中:μ 为泊松比,取 0.2~0.22。

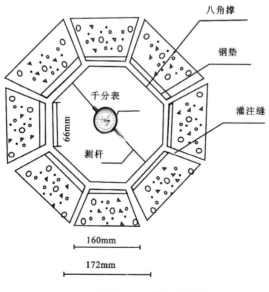

图 11-4 实验布置图

考虑到岩体变形将影响一定范围,故在实验区外约 2.5m 范围内亦进行变形测定。用上述方法测定某电站的 K_0、E_0 值,如表 11-2 所示。

表 11-2 某电站岩体 K_0、E_0 值

岩性	K_0 建议值	换算 E_0 值
花岗闪长岩	400~600	60 000~72 000
中细粒闪长岩	100~200	18 300~24 400
中细粒闪长岩	100~200	18 300~28 000
花岗闪长岩	800~1000	120 000~240 000

区域岩体 K_0、E_0 值如表 11-3 所示。

表 11-3 区域岩体 K_0、E_0 值

区域	地质	K_0	E_0
岷江	闪长岩,坚硬,裂隙发育中等	505	67 075
	中细粒闪长岩,微风化,裂隙发育	169	20 600
	中细粒闪长岩,完整性稍好	234	28 608
	花岗岩,均一完整	2931	351 100
	花岗岩,均一完整	1665	199 500
	花岗岩,均一完整	2006	240 500
大渡河	中粒斑状花岗岩,裂隙中等	897	105 000
	中粒斑状花岗岩,裂隙中等	398	52 000
	中粒斑状花岗岩,裂隙中等	1025	118 000
	中粒斑状花岗岩,裂隙中等	880	110 000
岷江	花岗碎块带,断层破碎带	28	3638
	石灰岩,裂隙发育	382	33 933

灌注混凝土时要留出工作缝,同时在钢垫与混凝土间放一木板,以便后续取出钢垫。钢垫应事先率定,如塑性变形大应放弃使用。一般水压要求加到 40 个大气压,但限于设备,目前只能加到 20 个大气压。千分表测杆应沿各个方向设置,图 11-4 中仅示意出一个道径方向,可以看到,两种角撑一种是角钢做成的八角撑,另一种是槽钢做成的十二角撑,如图 11-5 所示。

边数越多,角撑越接近圆形,所得的数据也越接近实际,可靠性就越大。上述方法比较费时、费工,准备工作时间较长,角撑构件笨重,安装不便。

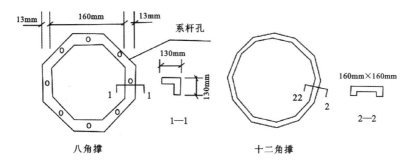

图 11-5 八角撑和十二角撑

第十二章　水力劈裂实验

第一节　概　述

Clark 在 1948 年提出水力劈裂概念,并介绍了其在石油开采中的作用。之后该概念被广泛应用,人们也开始对其机理进行研究。此概念在水工结构中的作用引起了人们的重视,是伴随着一系列严重事故开始的。

关于水力劈裂,有学者曾经作过论述。黄文熙(1982)认为水力劈裂是指由于水压的抬高,岩体或土体中引起裂缝发生或扩展的一种物理现象。Wilson 指出水力劈裂是指由于土体或岩体表面上或其中水压力的影响,土体或岩体裂缝产生与发展的一种现象。

起初人们在一些现场实验中观察到这样一些现象,当钻孔中水压达到一定值时,流量突然增加。水压降至某个值,流量又趋于平稳。Sherard 认为,导致流量突然增加的裂缝是钻孔中的液体压力引起水力劈裂造成的。1968 年挪威的 Hytteiuvet 坝在首次蓄水时就发生严重漏水,随后亦有 1970 年英国 Baldeshead 坝的非正常漏水及 Stockton Creek、Wister、Yard Creek Upper Reservoir、Viddalsvatn 和美国 Teton 坝、英国 Malpasset 等坝的漏水事故。其中最为严重的是美国 Teton 坝的失事和法国 Malpasset 拱坝失事,后者在初次蓄水即遭全坝溃决。

第二节　实验的基本原理与仪器设备

一、基本原理

此法是用来测定平行于空区临空面及其附近的岩石应力,每次测量只能确定一个方向的应力。因此,为了确定应力张量,需要测量 6 个方向。本法的实质是在岩石表面开一个切槽,然后通过扁千斤顶对切槽内表面施加压力,测量位于切槽两边测点的位移。即使是在破碎的岩石中,只要能够切槽,且在安装扁千斤顶过程中切槽不会破坏,就可以进行测量。本法可用于非弹性或非均质的岩石中,但必须进行修正以确认其结果。

二、仪器设备

水力劈裂实验使用的实验设备为河海大学渗流实验室和成都市伺服液压设备有限公司合作研究、设计、制造的超高压(多路控制)大流量渗透仪及渗流应力耦合系统。该系统由超高压(多路控制)大流量渗透仪和超高压渗流应力合实验系统两部分组成,水力劈裂实验使用后者。设备由压力泵、液压稳压控制系统、油水转换控制系统和实验台等组成。实验台有两部分:一部分是渗透实验台,用于高压渗透实验;另一部分是渗流应力耦合实验台,用于材料的高压渗流应力耦合实验。两实验台共用压力控制系统。压力为控制系统为实验台提供 0~31.5MPa 压力,不间断流 20L/min 一路,2L/min 五路。

1. 渗流应力耦合实验台结构

实验台由四柱承力架、压力室底座、压力室上下传力板、传力柱、荷重传感器、60T 液压千斤顶、位移传感器、压力传感器组成,见图 12-1。

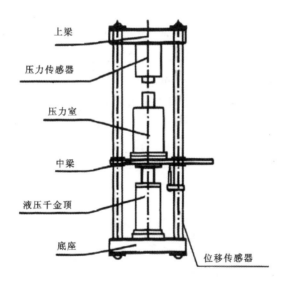

图 12-1 渗流应力耦合实验台结构图

2. 实验台主要技术指标

(1) 轴向液压千斤顶最大荷载 600kN,有效行程 200mm(轴向应力 $\sigma_1 \leqslant 50$MPa)。
(2) 围压 $q_b \leqslant 10$MPa。
(3) 孔压 $q_a \leqslant 10$MPa。
(4) 压力传感器行程 600kN,精度 $\pm 0.5\%$ F.S.。
(5) 位移传感器行程 20mm,精度 $\pm 0.1\%$。

(6)压力变送器量程1010MPa,精度±0.25%。

(7)试样直径分75mm、100mm、120mm。

(8)四柱承力架的总变形ΔL=0.58mm。

(8)上梁、中梁、底座的平行度误差中0.05mm。

(9)压力传感器与压力室的同轴度误差中0.10mm。

(10)四柱承力架的上梁地面至中梁上平面距离734mm。

(12)计算机系统控制精度为±1%,轴向应力σ_z、围压q_b和孔压q_a,均可实现无级加压、卸压、保压功能(保压时间不小于72h)。

3. 设备调试

设备各种仪表和传感器在出厂之前已经过标定,调试的目的是测试加压系统加压最高极限和加压精度、油水转换系统的加压连续性、全系统长时间的稳压性能。

(1)加压极限测试。设备安装结束后,首先进行加压极限测试。低压渗透测试系统加压至1.0MPa,超高压渗透测试系统加压至31.5MPa,稳压超过10h。渗流应力耦合系统分别测试二路加压的加压极限。轴压为油压千斤顶直接加载,加载极限为600kN,行程为200mm。围压和孔压为经过油水转换后加载,加载极限10MPa,满足设计要求。

(2)测试加压过程的控制精度。超高压渗透测试系统从0~31.5MPa不间断加压,加载控制步长0.5MPa,每步长压力稳定10min,压力波动小于0.15MPa,满足静态稳压精度0.5%的设计要求渗流应力耦合系统。轴压加载控制灵活,稳压性能良好,精度满足±0.5%的设计要求围压和孔压加载步长0.5MPa,精度满足设计要求±0.25%。

(3)油水转换系统的加压连续性。贮水罐容量,一路两个罐各25L,其他罐各6L,满足设计要求。在有水损失的情况下,为保证长时间加压连续性,每一条加压管路设两个贮水罐。测试时,加压至2MPa,做切换管路,压力基本稳定,波动幅度满足要求。

第三节　实验技术要求

一、相似材料实验基本要求

(1)主要力学性质与模拟的岩层或结构相似,如模拟破坏过程时应使用相似材料的单向抗压与抗拉强度。

(2)实验过程中材料的力学性能稳定,不易受外界条件的影响。

(3)改变材料配比,可调整材料的某些性质以适应相似条件的需要。

(4)制作方便,凝固时间短。

(5)成本低,资源丰富。

二、相似材料基本要求

相似材料通常由几种材料配制而成。组成相似材料的原材料通常分为以下两类：

(1)骨料。主要有砂、尾砂、黏土、铁粉、铅丹、重晶石粉、铝粉、云母粉、软木屑、聚苯乙烯颗粒、硅藻土等。

(2)胶结材料。主要有石膏、水泥、石灰、水玻璃、碳酸钙、石蜡、树脂等。

三、骨料的主要技术特征与用途

(1)砂子。应采用粒径 0.21～0.12mm 的纯净细砂。

(2)黏土。宜采用相对密度大于 $2.6g/cm^3$ 的纯净土，用前先干燥磨碎，并用孔径 0.35mm 的筛子筛分。

(3)云母粉。比重 $2.7kg/cm^3$ 作骨料宜采用 0.3～0.5mm 的细云母。

(4)铁粉、重晶石粉、铅丹、磁铁矿粉等属重骨料，用于增大相似材料的容重。

(5)软木屑、炉渣、浮石等属轻骨料，用于减小材料的容重。

(6)软木屑、砂子与聚苯乙烯可用于减少材料的泊松比。

(7)硅藻土。一种软弱多孔性沉积物，用作骨料时可吸收混合物中多余的水与降低相似材料的弹性模量。

(8)尾矿。来源丰富，是一种良好的骨料。由于尾矿与模拟的矿石具有大致相同的成分，故有助于模拟原型材料的力学特性。综合考虑实验条件和实验目的，选用水泥砂浆作为实验材料。

第四节　实验操作步骤

试件安装在三轴室内。试件上下端与传力板相接，传力板与试件的接触面有凹槽，可以导水。为了保证将渗水顺利导出，安装试件前先在试件外周套隔水薄膜，并在试件外壁与隔水薄膜之间安装一层土布，用以保证有围压时薄膜不紧贴试件壁。隔水薄膜在试件两端各保留足够长度并且翻起，保证与上下传力板连接，然后在试件两端各套一个"O"形密封圈。

安装时先将下传力板置于压力室底座上，将带有导水土布和隔水薄膜的试件放到下传力板上。翻下隔水薄膜，将下端的密封圈推到下传力板的密封槽处。在试件顶端涂一层橡皮泥，保证试件上端不透水。涂橡皮泥时注意不能太厚，否则加轴压后可能会封堵孔压入口。盖上传力板，板中心孔与试件中心孔对准。翻起试件上端隔水薄膜，使隔水薄膜自然平整，将上端密封圈推至上传力板密封圈凹槽处。连接孔压弯管，然后将压力室外罩罩在试件上。注意动作要平稳，不能将安装好的试件碰倒。拧紧外罩与压力室底座的固定螺丝，拧螺丝时一定要均匀用力，使各个螺丝紧固力均匀。将传力柱从压力室外罩上端缺口处装入，平稳放下直至与试件接触。将围压推入实验台中梁固定位置处。至此试件安装完毕。

各个压力值(孔压、围压和轴压)既可从数显表上读取,也可以在计算机操作程序中自动记录。计算机记录的各压力值是随时间变化的一组连续值,可以设定采样间隔,离散采样。轴向位移由设备本身的位移传感器测定,在计算机操作程序中自动记录,也是随时间变化的一组连续值,可以设定采样间隔,离散采样。

轴向位移由设备本身的位移传感器测定,在计算机操作程序中自动记录,也是随时间变化的一组连续值,可以设定采样间隔,离散采样。

将应变片贴在试件侧壁,用应变仪测出试件圆周方向的应变。

渗透流量由人工从渗透排水孔量取。量取时一定要注意记录流量值的测定时间,以便与其他数据对应。

第五节 实验数据整理与分析

一、影响砂浆强度的因素

砂浆抗压强度是以边长为 70.7m 的立方体试件,在标准养护条件下(水泥砂浆为 20±3℃,相对湿度在 90%以上;水泥石灰混合砂浆 20±3℃,相对湿度 60%~80%),按标准实验方法测得的 28d 抗压强度值。影响砂浆强度的因素较多,大量实验证明当材料质量一定时,砂浆的强度主要取决于水泥标号与水泥用量。因为砂浆用水量大(270~330kg),其水灰比超过 0.8,因而强度受水灰比影响的规律已不像混凝土那样明显。所以,用水量变化对砂浆强度影响不大。砂浆的强度可用下式表示:

$$f_m = A \cdot f_c Q_c /1000 + B = A \cdot K_c f_c^b Q_c /1000 + B \qquad (12-1)$$

式中:f_m 为砂浆抗压强度(MPa);K_c 为水泥标号富余系数,应按统计资料确定,无统计资料时取 1.0;Q_c 为 1m³ 砂浆的水泥用量(kg);A、B 为经验系数,应按表 12-1 选取。

表 12-1 A、B 系数选取表

砂浆品种	A	B
水泥混合砂浆	1.50	−4.25
水泥砂浆	1.03	3.50

二、砂浆的组成材料

(1)胶凝材料。砂浆的胶凝材料有水泥和石灰。水泥标号应为砂浆强度等级的 4~5 倍,水泥标号过高将使砂浆中水泥用量不足,导致保水性不良。

(2)骨料。砂的最大粒径小于砂浆层厚的 1/4~1/5 为宜,即一般不大于 2.5mm。砂的粗细程度对水泥用量、和易性、强度及收敛性影响都很大。

第六节 工程案例分析

一、工程地质条件概况

山西省万家寨引黄入晋工程位于晋西北地区,由总干线、南干线和北干线组成,输水线路总长 452km,其中隧洞 192km,埋涵 101km,渡槽 39 座,倒虹 6 座,5 级扬水站 6 座,总扬程 636m,引水总量为 $12\times10^9 m^3$,流量为 $48m^3/s$,总干一、二级地下泵站各装机 10 台,单机容量 $1.2\times10^4 kW$,设计扬程为 140m。岩性为灰岩、鲕状灰岩、泥灰岩、白云岩、白云质灰岩和页岩,按岩层厚度划分为厚层、中厚层及薄层,地层产状平缓,走向北东,倾向北西,倾角 $2°\sim5°$。地层中有 2 组构造裂隙,一组走向为 $NW280°\sim290°$,另一组走向为 $NE5°\sim10°$,倾角均大于 $75°$,按工程地质分类多属完整层状岩体。

为了更好地论证引黄工程总干一、二级泵站高压出水岔管衬砌应用钢筋混凝土的合理性,在岔管部位的实验洞内开展了水力劈裂实验。

二、案例实验过程及结果

引黄工程总干一、二级泵站高压岔管设计的内水压力为 1.40MPa,因此在进行水力劈裂实验时,选用的最高实验压力为 3.5MPa,实验过程中压力级差为 0.3MPa,当流量与压力呈现非线性变化时,将适当减小压力级差,以正确模拟岩体内流量随压力非线性变化特征。实验段内含 1 条裂隙,根据钻孔岩芯揭示的裂隙分布情况,将实验段的长度定为 2m,实验过程中采用双栓塞止水,实验洞内钻孔编号如图 12-2 所示,其中 W_1、W_3、W_4 为一级泵站钻孔,W_5、W_7、W_8 为二级泵站钻孔。水力劈裂实验装置如图 12-3 所示。

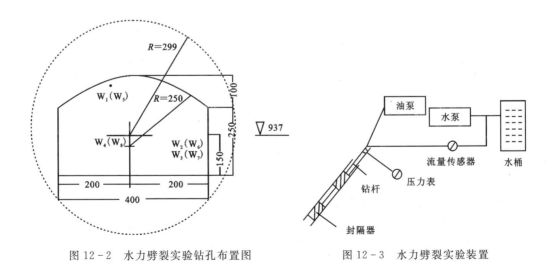

图 12-2 水力劈裂实验钻孔布置图　　图 12-3 水力劈裂实验装置

其中:W_1 为水力劈裂渗透系数实验孔,直径 76mm,长 45m,仰角 30°;W_3 为渗透系数实验孔,直径 76mm,长 30m,俯角 30°;W_4 为水力劈裂渗透系数实验孔,直径 76mm,长 45m,仰角 30°。

水力劈裂压力与裂隙面被劈开或充填物被冲刷时的压力、流量、管路摩擦压力损耗以及水头损失等密切相关,在实际计算时可采用如下公式修正:

$$P_j = P_s - P_1 - P_h \tag{12-2}$$

式中:P_j 为劈裂压力(MPa);P_s 为裂隙面法向压力(MPa);P_1 为管路摩擦压力损失(MPa);P_h 为水头损失(MPa)。

其中,水头损失与实验孔的布置角(俯角或仰角)有关。按照 Mannings 理论,管路摩擦压力损失与管路的长度、流量和管径相关,P_1 可按式(12-3)计算:

$$P_1 = 4.66(Q^2 n^2 L)/D^{16/3} \tag{12-3}$$

式中:Q 为流量(L/min);L 为管线长度(m);n 为 Mannings 系数取 0.053 688 492;D 为管径(m)。

在进行水力劈裂实验过程中,局部地段由于岩溶发育或钻孔间有串水现象或个别张裂隙发育且有充填物等原因,测试段的流量非常大,证明在此试段附近有局部连通网络存在,这些地段的实验将难以确定裂隙的劈裂压力。另外,有些钻孔的实验地段节理裂隙很不发育,在实验压力达到 3.5MPa 左右时,也没有出现流量随压力显著增加的规律,见图 12-4。

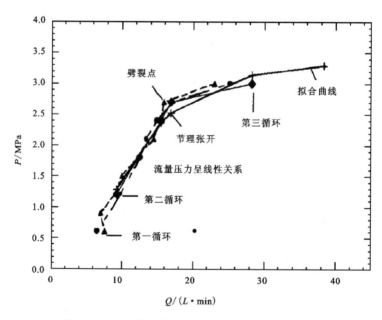

图 12-4 W_1 孔水力劈裂实验(14.0~16.0m)结果

从实验结果看,在水压力较低时,流量和压力之间近似呈线性规律变化,说明此时裂隙面尚未张开岩体内的渗流呈层流型特征。在压力达到某个特征值时,由于裂隙面在法向应力作用下张开或裂隙内的充填物被冲走,流量随压力呈非线性变化,且增量显著,此时岩体内的渗流呈扩容型或冲蚀型特点,如图 12-5、图 12-6 所示。

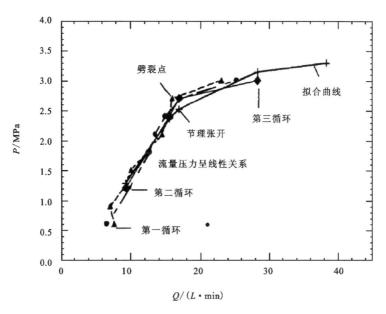

图 12-5　W_4 孔水力劈裂实验(10.5～12.5m)结果

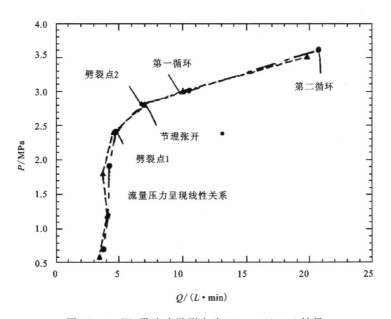

图 12-6　W_3 孔水力劈裂实验(16.0～18.0m)结果

从总体上讲,一级泵站围岩的劈裂压力为 2.4MPa,二级泵站围岩的劈裂压力为 1.6MPa。总干一级泵站出水岔管围岩水力劈裂实验的结果如表 12-2 所示。

表 12-2 孔水力劈裂实验结果

孔号	高程/m	最大压力/MPa	劈裂压力/MPa	裂隙与 $P\text{-}Q$ 曲线特征
W_1	10.0～16.0	3.5	>3.5	含一闭合裂隙,在整个实验过程中,渗透量很小,$P\text{-}Q$ 曲线呈线性关系,呈现层流型特征
	19.0～21.0	3.5	2.6	含一张裂隙,且裂隙平面,呈锈色,压力自 0.6MPa 始 W_4 孔有漏水现象,$P\text{-}Q$ 曲线呈现扩容型特征
	25.5～27.5	3.5	>3.5	含一闭合裂隙,且裂隙面平直,在整个实验过程中,渗透量很小,$P\text{-}Q$ 曲线呈线性关系,呈现层流型特征
	30.5～32.5	3.5	2.8	含一闭合裂隙,且裂隙面平直,$P\text{-}Q$ 曲线呈现扩容型特征
	37.5～39.5	3.5	>3.5	含一张裂隙,方解石充填,自 0.6MPa 始从 W_4 孔漏水,流量较大,但 $P\text{-}Q$ 曲线呈线性关系,呈现层流型特征
	41.0～43.0	3.5	2.5	含一张裂隙,方解石充填,在整个实验过程中,渗透量很小,$P\text{-}Q$ 曲线呈现扩容型特征
W_3	8.5～43.0	0.1	不确定	含一张裂隙,方解石充填,张度 5mm,当压力为 0.1MPa 时,流量 110L·min,水自 S_1、W_4 孔渗漏现象严重,无法得到劈裂压力
	16.0～18.0	3.5	2.4	含一张裂隙,方解石充填,张度 5～8mm,压水过程中无渗漏现象,流量较小,$P\text{-}Q$ 曲线呈现扩容型特征
	21.5	3.5	>3.5	含一闭合裂隙,无充填,裂隙而起伏不平,整个压水过程中流量较小,$P\text{-}Q$ 曲线呈现层流型特征
	26.0～28.0	3.5	>3.5	含一闭合裂隙,无充填,裂隙而起伏不平,整个压水过程中流量较小,$P\text{-}Q$ 曲线呈现层流型特征
W_4	10.5～12.5	3.0	2.7	含一闭合裂隙,无充填,裂隙面起伏不平,整个压水过程中流量很小,$P\text{-}Q$ 曲线呈现层流型特征
	19.5～21.5	3.0	2.6	含一张裂隙,自压力 0.6MPa 始 S_1 漏水,但渗漏量不是很大,$P\text{-}Q$ 曲线呈现扩容型特征
	28.0～21.5	3.0	2.4	含一微张裂隙,方解石充填,张度 1～2mm,自压力 0.6MPa 始 W_2 孔出现漏水现象,$P\text{-}Q$ 曲线呈现扩容型特征
	35.0～37.0	2.1	不确定	含一张裂隙,充填有黄土和方解石,实验中 W_2 孔漏水且量大,因此无法得到劈裂压力

第十三章　基于地面式三维激光扫描技术的岩体结构识别实验

第一节　概　述

三维激光扫描技术是继 GPS 之后发展起来的一门新兴的测绘科学技术,是测绘领域的又一次技术革命,它能够快速获取高精度扫描数据,并能够完整地对扫描物体进行建模,故又被称为实景复制技术。该技术可以直接从实物中获得三维数据,并对测量物体进行模型重建,由于点云中的每个数据都是直接从被测物体表面获取,无需对点云数据进行复杂的后期处理,即可保证数据的完整性、真实性和可靠性。三维激光扫描技术与传统方式的最大不同是突破了传统的单点测量方法,此外,三维激光扫描技术还具有精度高、速度快、具有实景复制的特点,是目前国内外测绘领域研究的热门方向之一。

1997 年,加拿大国家研究理事会 El-Hakim 等把三维激光扫描仪和 CCD 摄像机安装在小车上形成一个硬件扫描平台,构建一个简单的数据采集和配准系统,该系统能够实现对室内场景的三维仿真建模。2000 年美国宇航局已经将该技术成功应用到产品的设计与加工过程中。2001 年,Yu 等在室内场景仿真建筑功能的基础上,又扩展了可以对三维数字模型移动和编辑的功能。2002 年,Stamos 和 Alle 等在以前的成果之上创建了一个完整的三维建模系统,在利用三维激光扫描仪获取三维数据的同时,还可以使用仪器设备自带的 CCD 摄像机获得被测物体的彩色图像和深度图像,经过内业处理可得到具有真实感的数字三维模型。之后,他们将该系统应用在历史古建筑的三维建模上,为其在滑坡监测中的应用打下了坚实的理论基础。

地面三维激光扫描使用非接触式面测量的方式进行数据采集,可以快速获得物体表面采样点的三维坐标,对点云进行格式转换可直接在 Geomagic、3DReshaper、Cloudcompare 等点云处理软件中使用,这种数据获取的方式和特点,弥补了传统测量方式点测量的不足,具有传统测量手段所不具备的以下优点:

(1)非接触性。该技术无需反射镜,在不接触目标表面的情况下,可获得表面的三维坐标信息,它的这一特点解决了对危险区域、柔性目标的测量问题,且采集的数据完全、真实、可靠。

(2)数据获取速度快。应用三维激光扫描技术采集数据时速度非常快,采样点的速度可达 5 万点/s,最快的可达到几十万点每秒,该技术适用于获取大面积目标物体的空间信息。

(3)实时性、动态性、主动性。不需外部光源,主动发射信号,通过对发射激光的回波信号的探测即可得到目标信息,不受时空约束和时间限制,可进行全天候作业,能及时测量物体表面的三维信息,这些特征使得该技术可用于自动化监控。

(4)穿透性。由于三维激光扫描的采样间距较小、采样密度较大,当对不太浓密的植被扫描时,仍有一部分激光能够到达目标表面,这样的点云包含了目标表面不同层面的几何信息,可以利用回波信号的强度信息与位置信息进行植被分割和去除。

(5)高密度、高精度。通过对目标扫描可获取高密度、高精度的点云数据,由于该技术采用的是点阵和格网的数据采集方式,采样点分布均匀,具有较高的分辨率。激光束具备全自动距离自适应聚焦功能,也提高了点云数据的均匀精度。

(6)数字化、自动化。该技术采集的数据是数字坐标信号,它具有全数字化的特征,可靠性好,自动化程度高,易于对数据进行后期处理、格式转换及数据输出。

(7)能与 GPS 系统、外置数码相机组合。扩展了三维激光扫描技术的使用范围,使获取的地表信息更准确、更完整。使用外置的数码相机能够采集物体表面的彩色信息,更加全面、真实地反映目标信息。结合 GPS 定位技术,扩展了三维激光扫描技术的应用范围,也提高了测量数据的准确性。

第二节 实验的基本原理与仪器设备

一、实验基本原理

三维激光扫描系统主要包括激光测距系统、激光扫描系统和集成的 CCD 摄像机几个部分。以下介绍激光扫描系统各部分的原理和功能。

1. 激光测距系统

(1)脉冲测距法。脉冲测距法即 TOF(time of flight),是一种高速激光测时测距技术,目前大多数激光扫描仪采用这种方法。它首先由系统内部的激光脉冲二极管发射一束激光脉冲,经旋转棱镜的反射作用射向被测物体,探测器接收并记录反射回来的激光脉冲,通过脉冲信号发射和接收的时间差来计算扫描仪到目标点的距离,计算公式如下:

$$S = -\frac{1}{2}cT \qquad (13-1)$$

式中:S 为扫描仪到目标点的距离;c 为光速;T 为激光脉冲发射和接收的时间差。

该方法在测量过程中主要包括以下 4 个步骤:①激光发射;②激光探测;③时延估计;④时间延迟测量。

(2)相位式测距。相位式测距的工作原理是:根据无线电波段的频率,扫描仪自动调制激光束的行进幅度,并测定调制光往返一次产生的相位延迟,根据调制光的波长计算该相位延迟代表的距离。该方法间接计算了激光往返一次所需的时间,相位测距法的原理如下:

$$S = \frac{c}{2}\left(\frac{\varphi}{2\pi f}\right) \tag{13-2}$$

式中：φ 为检测的相位差；f 为填充脉冲的频率。

相位式测距三维激光扫描仪主要用于近距离扫描或微观领域。

（3）激光三角法测量。激光三角法测距是根据三角形的几何关系，求得扫描中心和扫描目标之间的距离。激光三角测距法的扫描距离一般在几米到几十米之间，目前的测量精度可达到亚毫米级别。

2. 激光扫描系统

目前使用最多的扫描技术有全息光栅扫描技术、电镜扫描技术、多棱镜扫描技术和光机扫描技术。该技术要求较高精度的扫描间隔、高频成像技术和较大幅度扫描，通过扫描系统可以控制激光脉冲在选定的范围内沿横轴方向和纵轴方面快速扫描，并且可以得到纵向和横向扫描角度的值。

扫描仪中心所处的空间位置为仪器坐标系原点的位置，该位置由扫描仪对中、整平后的姿态所决定，X 轴为网线前进的方向，Y 轴在平面内与 X 轴垂直，且在顺时针向下，Z 轴垂直于平面向上，如图 13-1 所示。

扫描仪在工作时由激光脉冲发射器发射一束激光脉冲信号，到达物体表面时信号发生漫反射被反射回来，被激光接收器接收后即可得到往返所用时间差，进而求得扫描测站点到待测物体表面的任一目标点的距离 S，由仪器内部的精密时钟控制编码器可获得测量瞬间激光脉冲的纵向与横向扫描角度的值（θ 与 α），进而得到激光角点在物体表面的三维坐标值（x, y, z），计算公式如下：

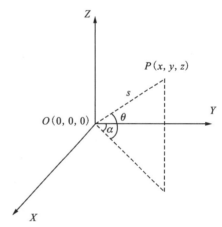

图 13-1　扫描仪三维坐标示意图

$$\begin{array}{l} x = S \times \cos\theta \times \cos\alpha \\ y = S \times \cos\theta \times \sin\alpha \\ z = S \times \sin\theta \end{array} \tag{13-3}$$

3. CCD 摄像机

CCD 摄像机主要采集目标对象的影像信息，该影像包含可用于三维贴图的真彩色纹理信息。在计算机系统中对目标对象进行三维可视化展示时，需要用到此类信息才能达到真实、直观、逼真的效果，仪器内部的控制与校正系统即可控制仪器各系统的联合工作，还可以对系统内的系统误差进行有效的检查与校正。

二、仪器设备

三维激光扫描系统主要分为地面型、机载型、便携式(如手持型)等类型。其中,地面型按工作方式主要分为固定式和移动式两大类。近些年来,随着应用的不断推广,固定式朝移动式方向发展已成为地面三维激光扫描仪的趋势,如机载三维激光雷达(LiDAR)和车载三维激光扫描仪。

(1)地面型激光扫描仪。地面型激光扫描仪可分为移动式和固定式。移动式地面激光扫描仪基于车载平台,可进行移动化点云数据采集;固定式地面激光扫描仪工作形式类似于全站仪。

(2)机载型激光扫描仪。通过定位系统确定成像系统和扫描仪三维空间坐标,飞行惯导系统确定其形态参数,由激光扫描仪确定成像中心到目标点的距离,并综合求出对应三维空间坐标。

(3)车载型激光扫描仪。车载激光扫描仪构造相对简单、轻便,易于上手,不需要额外跟踪或定位设备,可精确确定目标物体的相对三维坐标、几何构造(长度、面积、体积等)和外观信息(颜色等)。

图 13-2 为不同装载形式的三维激光扫描仪。

(a)地面固定型

(b)地面车载型

(c)机载型

图 13-2　不同装载形式的三维激光扫描仪

第三节 实验技术要求

三维激光扫描仪实验技术要求通常包括以下几个方面:

(1)精度和准确性。包括点云数据的定位准确性、距离测量准确性和角度测量准确性等。这可以通过与已知参考物体进行对比测试或使用精确度测试工具进行验证。

(2)点云分辨率和密度。即单位面积或体积内点云的数量,高的分辨率与密度可以提供更详细和准确的点云数据。

(3)扫描速度和效率。即在特定时间内扫描仪能够获取的点云数据量,较高的扫描速度和效率可以提高工作效率。

(4)视场角度和覆盖范围。即扫描仪能够捕捉到的水平和垂直角度范围,以及扫描仪的最大工作距离,较大的视场角度和覆盖范围可以减少扫描次数并提高整体覆盖范围。

(5)环境适应性和稳定性。包括室内、室外、光线明亮或较暗的场景,扫描仪应具有良好的环境适应性和稳定性,能够在各种环境中提供可靠的扫描结果。

(6)数据处理和配准。包括数据处理的速度、效率和准确性,以及配准和拼接多个扫描数据的能力。

(7)可靠性和耐用性。包括设备的稳定性、工作寿命和抗干扰能力。

(8)安全性。确保扫描仪在操作过程中不会对人员或环境造成伤害。

这些实验技术要求可以帮助评估和验证三维激光扫描仪的性能与功能,确保其能够满足特定应用场景的需求。具体的技术要求应根据实际情况和应用需求进行确定。

第四节 实验操作步骤

地面式三维激光扫描实验的要点在于扫描方案的设计与规划。考虑到大范围测量作业,可采用分站式的扫描方式进行大面积的扫描,即以测站为中心,对周围以一定距离为半径的扇形区域进行扫描。为了得到监测点的精确坐标,应对提前布设的变形监测点以最大精度进行扫描,并对缺失数据进行补充,务必使点云数据全面完整。

在利用扫描数据对扫描对象进行变形监测或三维建模时,数据采集是一个至关重要的环节,它直接影响到点云数据的精度和模型的整体精度,要得到高精度的点云数据,必须在采集时的每一步尽量减少人为误差的引入。实验操作步骤主要分为仪器布设、控制点定向和现场扫描3个部分。

1. 仪器布设

设站的基本原则:①选取的扫描基站要求视野开阔,地面稳定,尽可能避免选在大型机械附近,以避开大型机械运作带来的振动影响扫描精度,确保在各扫描位置获得的数据能够覆盖完整的扫描区域。②在得到完整数据的前提下,应尽量选择较少的扫描站数,以减少搬站次数和拼接误差。如果现场区域较大,必须分区域扫描然后进行拼接,为了保证拼接精度,不同位置、不同视角的扫描区域的重叠度不宜少于10%。③确保两个扫描位置至少有3个不在同一条直线上的公共标靶,以满足拼接的要求。在距离不超过设备测程的前提下,基站应尽可能布设在高处,以使扫描光线和地面的交角尽可能大,提高扫描能力,减少扫描漏洞。

2. 控制点定向

可根据不同的扫描目标和实验目的,选择不同的扫描方案。一般而言,许多情况下并不进行研究目标对比,无需考虑扫描周期问题,可只进行一期扫描;反之,则需要选择适当的扫描周期进行多期扫描。具体控制点的布设与联测要求如下:

(1)控制点布设应均匀分布在被测对象上,在进行小区域扫描时,控制点数量至少要求4个以上;在进行大区域扫描时,每间隔400~600m应布设一个控制点。控制点布设好后,尽量在第一时间通过GPS或者全站仪测量方式从已知基准点联测这些控制点。如果扫描对象一侧难以到达,或者扫描基站一侧有条件布设更高精度的控制点时,控制点也可只布设在扫描基站附近。但这类控制点的辨识和量测精度应适当提高,保证其误差按照到扫描仪的距离比例放大到扫描对象附近时,精度仍能满足要求。

(2)除非扫描对象具有众多高反射率的规则目标,否则应在选定的控制点位置安置标靶点。为提高精度,控制点应尽量使用表面光滑的规则球状物体,球体表面应采用对激光来说的高反射材质,但不应抛光,以避免镜面反射,球体直径应大于该处预计扫描点间距的3~5倍,以确保球体上可获得足够的激光点以拟合出球心位置。当标靶布设在扫描对象一侧时,如果直径较大不便携带,可做成半球面;控制点应架设在空旷、突出的位置,保障其附近没有容易遮挡或混淆的物体,提高其在点云中的空间分辨效果。控制点坐标可用GPS或全站仪测量,保证相对于邻近等级控制点的平面中误差不大于图上0.1mm,高程中误差不大于1/10基本等高距。

(3)在扫描基站有精度适当的已知坐标的情况下,可把仪器架设在已知点上并严格整平对中,这样在后续定向处理中可把已知墩标作为控制点使用。

(4)激光扫描控制点区域时,扫描间隔应尽量控制在1~2cm内。

3. 现场扫描

(1)扫描基站远离振动源。

(2)扫描仪在高温下工作时间长,仪器温度将升高,仪器精度、速度将受到影响,因此应通过撑伞等方式避免阳光的直射。如果仪器温度已经高于正常温度,应及时采取降温措施。

(3)由于水分会强烈吸收一部分地面激光扫描体所用的近红外激光,所以野外扫描应尽量避开雨后和有露水的时段,应在扫描对象表面干燥时进行激光扫描,获得更多的反射点。

(4)如需得到影像资料,在扫描的同时应及时获取。如果使用外置相机,并且不要求固定安装的系统,可在气象条件良好时在各扫描基站位置一次性获取全部影像,以减少影像的色调差异。

(5)在外业进行扫描时总会遇到扫描视野被物体遮挡的情况,这将导致被扫区域部分无点云数据。此时可以在扫描完成后,在被扫区域附近选一处通视条件好的位置进行补充扫描,或者利用全站仪免棱镜模式对漏扫区域进行碎步点的采集,使扫描区域的数据更完整。

第五节　实验数据整理与分析

被扫描区域点云数据采集完成后，应用点云处理软件即可对采集的数据进行处理。处理过程主要有多视点云拼接、噪声处理、点云滤波、数据输出等，在处理过程中应根据实际的应用对数据进行具体的预处理。

（1）点云的拼接。初始的坐标系统是仪器内置的一个独立坐标系统，它由仪器架设时的高度和姿态决定。拼接（registration）是多个测站点云数据的整合，是不同坐标系统转化统一的过程。由于扫描过程中实地地形比较复杂，三维激光扫描的视角有限，往往不能一次得到扫描区域的完整数据，因此需要从不同视角、不同位置对被扫描物体进行多次扫描，最后将扫描的点云数据进行粗差剔除、旋转对齐、多视拼接等操作，完成对不同坐标系下的点云数据向同一坐标系下转换的过程，得到完整的点云数据。拼接完成后，系统会根据添加的约束条件自动计算整体的拼接误差，如果某个点的拼接误差过大，则应仔细检查该点坐标的正确性，否则应该把点设置成不参与点云拼接的约束条件。

（2）点云去噪。点云去噪是预处理的重要环节，这类噪声点不是被扫描区域的表面特性、扫描仪系统误差及偶然误差引起，主要是被扫描区域及周围的一些无关的杂草、电杆、建筑物等造成的。在对滑坡体进行数据采集时，很难避免对周围的多余物体进行数据采集。由于各种物体反光率、反光强度的不同，采集的点云数据也会呈现出不同的色泽，方便无关点云的去除。这些点影响了点云的数据质量与模型精度，因此必须手工去除。

（3）点云精简。为了能够快速、精确地对点云数据进行处理，可以通过设定限定框的方法，即通过框选命令把需要显示的点云数据显示在一个正方体内，通过平移和旋转的方法从各个角度观察点云数据，方便对噪声数据的去除，提高去除无关噪声点的效率，得到高质量的点云数据。

在获得可供直接分析的工作点云后，即可输出高质量的点云模型。输出数据集具备按一定的结构组织在一起并能够表示地形实际的空间分布的特征。它的核心包括两点：一是包含三维坐标的点云数据；二是一套对点云提供连续描述的算法。

第六节　工程案例分析

研究区位于湖北省武汉市喻家山北路东湖生态旅游景区磨山消防救援站前，共包含 3 组结构面［图 13-3(a)］，坐标为东经 114°19′、北纬 30°33′。该区域岩石类型以石英砂岩为主。地面激光扫描仪 Optech Polaris LR 用于收集点云。为全面收集露头信息，在露头左右两侧进行扫描，并设置了标靶点，方便后续进行坐标转换目标。扫描完成后，将两站的扫描数据进行配准（包括粗配准和精配准），并将两站的数据整合，以确保在不同位置获得的点密度大致相同。然后，将扫描仪的局部坐标转换为大地坐标，以便更容易地提取结构面信息。此外，还需对数据进行预处理，以减少植被等噪声对结果的影响。研究区长 7.485 8m，宽 1.127 1m，高 1.329 6m，如图 13-3(b)所示。获取点云的点间距为 0.003m，共收集到 2 465 508 个点。

图 13-3(c)是结构面分组结果,可以看到共有 3 组结构面(红、绿、蓝),这与实际情况是相符的。图 13-3(d)是单个结构面的识别结果,一个结构面用一种颜色表示,基于单个结构面可以进一步计算产状、粗糙度等信息,用于岩体稳定性评价。

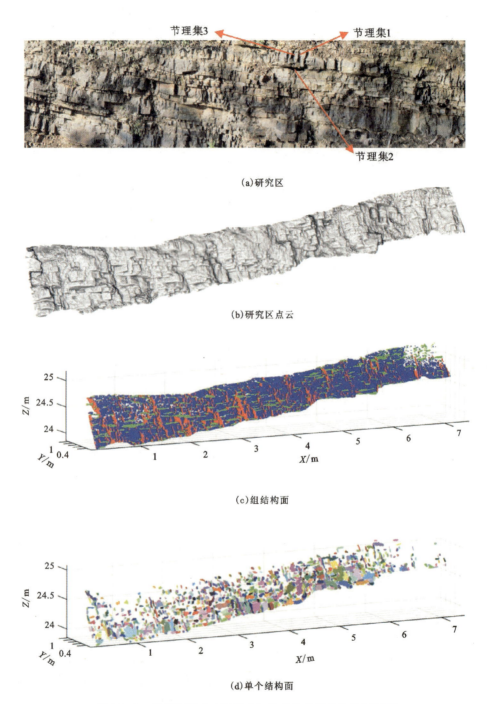

图 13-3 利用地面式三维激光扫描仪进行岩体结构面识别

第十四章 基于手持式三维激光扫描技术的岩体结构面粗糙度评价实验

第一节 概　述

岩体结构面的变形破坏、渗流特征与结构面粗糙度有着密切联系。岩体结构面的峰值抗剪强度是岩体稳定性分析中的重要依据,通过结构面粗糙度估算峰值抗剪强度在工程实践中有重要作用。而准确评价无填充岩体结构面粗糙度是提高岩体结构面峰值抗剪强度估算准确性的前提条件,对边坡稳定性分析、岩体稳定性评价、滑坡灾害防治等有重要意义。

岩体结构面形貌数据采集方式按测量设备与岩体接触关系可分为接触式和非接触式。接触式测量方法包括针状轮廓尺、单针轮廓曲线仪等。非接触式测量方法包括摄影测量、三维激光扫描技术、结构光法等。一般来说非接触式测量的精度更高,实验周期更短,可实现岩石结构面表面的三维重建。

其中,手持式三维激光扫描技术是一种高效、精准的岩体结构面粗糙度评价方法,它利用激光扫描仪器对岩体表面进行快速、非接触式地扫描,获取岩体表面的三维点云数据,从而实现对岩体结构面粗糙度的精确测量和分析。该技术广泛应用于岩土工程、地质勘察、矿山开采等领域,特别是在岩体稳定性评价、岩石断裂面分析、岩溶地质调查等方面具有重要作用。相比传统的岩体粗糙度评价方法,手持式三维激光扫描技术具有数据获取速度快、精度高、非接触式测量等优势,能够有效解决传统方法中存在的测量局限性和不确定性。未来随着激光扫描技术的不断发展和完善,手持式三维激光扫描技术在岩体工程中的应用前景将更加广阔,为岩体工程的安全评估和优化设计提供可靠的技术支持。

第二节 实验的基本原理与仪器设备

一、基本原理

三维激光扫描仪有着基本相似的构造原理,即利用激光测距原理,通过测量、记录并重建还原出待测目标的三维模型等信息。三维激光脉冲发射器周期性发射激光脉冲,由接收透镜接收反射信号,产生接收信号,最后由微电脑通过软件进行数据处理,发射与接收时间差作计数,进行激光测距,从中计算出采样点的空间距离,通过对物体全方位扫描,计算并获取目标表面的三维点云数据。

二、仪器设备

仪器设备包括手持式三维激光扫描仪、电脑、圆形转盘、标靶点及数据线等。将手持三维激光扫描仪与电脑连接,对准布满标靶点的圆形转盘进行扫描,通过识别标靶点可将多次精确扫描的点云对齐、合并成复合点云(图 14-1)。测量精度、光学分辨率与扫描速度是扫描设备的重要参数,需选择相应的能够满足实验需求的仪器型号。ISRM 建议进行室内结构面形貌数据采集时采样间距小于 0.5mm。从图 14-1 中可以发现,实际结构面与三维点云模型对比,实物图中的小型沟壑、裂隙及凹凸不平的表面的细节均被很好地捕捉到,与三维激光扫描模型形貌一致。

图 14-1 岩体结构面手持式三维激光扫描

第三节 实验技术要求

不同于地面式三维扫描仪,手持式三维扫描仪对扫描物体表面无特殊要求,无需处理就能扫描;体型小巧,可以扫描车门缝隙、座椅接缝等狭小位置;无需三脚架固定,方便扫描车顶比较难扫描的位置。因此,手持式三维扫描仪能够获取较小的物体高精度三维点云数据,其操作要点如下:

(1)软硬件准备与标定。按照扫描仪的使用说明书进行软件的安装和扫描仪、电脑设备、电源设备的连接。确保无误后,利用仪器自带的标定板进行校准。

(2)测试样本准备。若测量需要设置标志点时,标志点大小间距和数量根据结构面尺寸决定,一个结构面表面标志点的个数不宜少于 4 个。标志点粘贴的位置尽量呈非规则分布(如梅花形布置),且在仪器测量窗口中清晰可见。结构面一般要保证连续 2 个采集幅面上至少有 3 个不规则分布标志点作为点云拼接依据。结构面样品表面如存在镜面反射或反射光偏弱时,需采用喷涂反差增强剂的辅助手段改善表面反射特性。结构面表面喷涂的反差增强剂需呈薄膜状,避免喷涂过厚。

(3)设置测量设备参数。包括扫描幅面、扫描分辨率等。测量设备工作过程中要避免操作台震动。测量时为了保证测量效果需调节结构面的样品位置和角度,结构面样品的中心位置大致放置于操作台的中心位置附近,测量设备镜头垂直或大角度对准样本表面。理论上,扫描仪在移动扫描过程中必须至少识别 4 个目标,才能保证点云注册成功。当结构面样品的表面积大于扫描设备的单幅扫描面积时,需要多幅面采集。当多幅面采集时,连续两个采集幅面进行拼接时重叠的范围越大拼接效果越好。规划扫描路径测量时,要考虑样本表面的形状,在保证获取测量范围内结构面全部数据的前提下,尽可能地减少工作量,如"U"形扫描路径。

第四节　实验操作步骤

在利用扫描数据对岩体进行三维建模时,数据采集是个至关重要的环节,它直接影响到点云数据的精度和模型的整体精度,要得到高精度的点云数据,必须在采集时的每一步尽量减少人为误差的引入。

(1)确保稳定的三维扫描环境。进行三维扫描首先须确保三维扫描仪是建立在一个稳定的环境中,包括光环境(避免强光和逆光对射)及三维扫描仪的稳固性等,最大限度地减少环境干扰,确保三维扫描结果不会受到外部因素的影响。

(2)三维扫描仪校准。在三维扫描前,对机器进行校准是尤为关键的一步。在校准过程中,要根据三维扫描仪预先设置的扫描模式,计算出扫描设备相对于对扫描对象的位置。校准扫描仪时,应根据扫描对象调整设备系统设置的三维扫描环境。正确的相机设置会影响扫描数据的准确性,因此必须确保曝光设置是正确的。严格按照制造商的说明进行校准工作,仔细校正不准确的三维数据。校准后,可通过三维扫描仪扫描已知三维数据的测量物体检查比对,如果发现扫描仪扫描的精度无法实现时,需要重新校准扫描仪。

(3)对扫描物体表面进行处理。有些物体较难实现对表面的扫描,包括半透明材料(玻璃制品、玉石)及有光泽或颜色较暗的物体。对于这些物体,需要使用哑光白色显像剂覆盖表面,喷上薄薄的一层显像剂,目的是更好地扫描出物体的三维特征,使数据更精确。需要注意的是,显像剂喷洒过多会造成物体厚度叠加,对扫描精度造成影响。而对于一般岩体结构面样本,直接在其表面粘贴一定数量的标靶点即可,粘贴前需确保样本的清洁。

准备工作完成后便可以对物体进行扫描。通过更改物体摆放方式或调整三维扫描仪相机方向,用手持三维扫描仪以不同的角度进行三维数据捕捉,对物体进行全方位的扫描。

第五节　实验数据整理与分析

点云数据获取过程中,由于受传感器误差和外界干扰,获得的点云通常叠加了随机噪声和部分离群点。

三维扫描设备采集的点云数据中,为了提高点云数据的质量,需要对其进行滤波降噪处理,通常需要剔除点云中 $0.1\%\sim5\%$ 的噪声数据点。

降噪的目的是剔除点云数据中的噪声点并最大程度保留岩体结构面的几何属性,主要有 3 个步骤:①运用邻域点集的协方差矩阵对数据模型各个采样点的法向以及曲率进行估算;②对采样点的法向进行预平滑,然后基于该采样点的预平滑法向确定降噪滤波的参考平面,最后对采样点的法向作多边平滑处理并输出;③根据多边平滑输出的法向量计算当前采样点的偏移量,然后移动各个点到新的位置。

随后即可进行数据的输出准备,手持式三维激光扫描仪的输出数据通常是以点云形式呈现的。点云数据是大量的三维坐标点组成的集合,每个点表示扫描仪测量到地面物体的一个位置。手持式三维激光扫描仪输出的点云数据通常包含位置信息、强度信息、颜色信息等。

第六节 工程案例分析

本案例的岩体结构面样本采自湖北省黄冈市英山县郁家湾滑坡地区的元古宙中风化英云闪长质片麻岩[图 14-2(a)]。英山县位于湖北省东北部山区,地处大别山主峰天堂寨南麓,属于长江中下游北亚热带温润季风性气候,气候温润,雨量充沛,四季分明。采样区域如图 14-3 所示,滑坡体表层风化作用强烈,岩石较为破碎,散落分布于滑体表面之上。

图 14-2 岩石样本三维点云数据模型　　　　图 14-3 采样区域

研究中采集的岩石结构面样本均为无填充结构面。将野外采集的岩石样本在实验室内切割成尺寸约 100mm×100mm×50mm 的标准试件,以适应剪切盒尺寸,同时记录采集的岩体结构面上下盘和滑动方向便于后续开展直剪实验。本研究选取该区域采集的岩石中两块结构面作为案例,采用 OKIO-FreeScan X5 天远激光手持式三维扫描仪进行扫描。扫描仪质量 0.95kg,测量精度最高达到 0.03mm,光学分辨率为 0.1mm,扫描速度 350 000 次/s,能够满足本实验的需求。OKIO-FreeScan X5 天远激光手持式三维扫描仪使用半径为 1.5mm 的圆形目标定位,以便将移动扫描点云注册到一个共同的全局坐标中。为获取高精度点云数据,本次所采用的采样分辨率设置为 0.1mm,研究中所用其他采样间隔均基于 0.1mm 精简获得。三维激光扫描实验得到的 8 块岩石样本三维点云数据模型如图 14-3 所示。

岩体结构面三维激光扫描结果汇总整理如表 14-1 所示。扫描范围均为岩体结构面表面，尺寸约为 100mm×100mm。每个岩体结构面点云由大约 150 万个点组成，平均点密度约为 147 个/mm²。扫描完成后需要对点云数据进行预处理，包括去噪、调平等。

表 14-1 岩体结构面三维激光扫描结果汇总整理结果

编号	扫描分辨率/mm	扫描范围/mm×mm	点数量/个	点密度/(个·mm⁻²)
J12CD1	0.1	102×100	1 456 454	142
J12CD2	0.1	99.9×99.7	1 351 684	136
J21PD1	0.1	101×101	1 482 605	146
J21PD2	0.1	100×101	1 458 665	144
J31PD1	0.1	99.9×101	1 447 465	143
J31PD2	0.1	101×101	1 511 850	149
J32PD1	0.1	101×99.6	1 756 188	175
J32PD2	0.1	101×101	1 442 713	141

利用三维激光扫描技术获得实验室尺度岩体结构面高精度点云数据，在此基础上进行稀疏处理，获得不同采样间距下的岩体结构面数据。采用统计参数 SD_1 对不同采样间距的岩体结构面粗糙度进行评价。本案例以样本一为例，计算统计参数 SD_1 每 0.1mm 的值，直至 2mm，计算结果如图 14-4 所示。由图 14-4 可以看出，粗糙度的变化随采样间距变化明显。

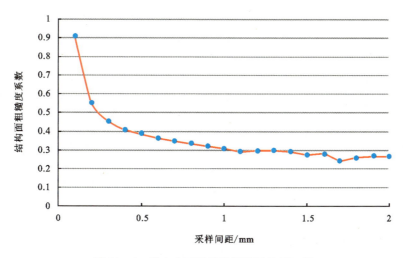

图 14-4 样本 1 不同采样间距下的 SD_1 值

第十五章 基于摄影测量的岩体结构面粗糙度评价实验

第一节 概 述

摄影测量是利用光学摄影机获取影片,研究和确定被摄物体形状、大小、位置、特性及其相互关系。该技术分为3个发展阶段,即模拟摄影测量阶段、解析摄影测量阶段和数字摄影测量阶段。随着计算机技术及其应用以及数字图像处理、模式识别、人工智能、专家系统和计算机视觉等学科的不断发展,数字摄影测量的内涵已远远超过了传统摄影测量的范围,成为摄影测量发展的主流,广泛应用于建筑建模、工业制造、地形测量、生物医学等领域。而数码相机和智能手机作为常规消费级别电子产品的普及使用,为研究人员利用经济的相机采集被测目标的数字影像,运用计算机图形处理分析方法实现三维建模提供了便利。摄影测量技术在经济性、便携性等方面具有明显优势,在重建被测目标三维模型并获取其高精度三维形貌数据方面展现出极强的潜力,引起了国内外学者的关注。摄影测量学是对非接触传感器系统获取的影像与数字表达的记录进行量测和解译,从而获得自然物体和环境可靠信息的一门工艺、科学和技术。摄影测量的主要特点是在照片上进行量测和解译,无需接触被摄物体本身,因而很少受自然和地理条件的限制,而且可摄取瞬间的动态物体影像。照片及其他各种类型影像均是客观物体或目标的真实反映,信息丰富逼真,人们可以从中获得所研究物体的大量几何信息和物理信息。

本实验旨在通过数字摄影测量技术,在表征岩块结构面粗糙度的适用性和准确性方面,以三维激光扫描技术获取的点云模型为参考,利用对齐技术测试摄影测量技术所获点云模型与三维激光扫描技术所获点云模型的偏差,评估数字摄影测量技术在表征结构面三维形貌上的准确性,从二维角度和三维角度评价结构面粗糙度,并比较两种技术的评价效果。

第二节 实验的基本原理与仪器设备

一、摄影测量的基本原理

实验采用的三维重建方法是多视点立体视觉运动恢复重建法(Structure from Motion - Multi View Stereo,简称 SfM - MVS)。相比传统的立体摄影测量,该算法具有成本低、安全、自动化程度高、使用无序照片等优点。SfM - MVS 算法根据一系列从不同位置、不同角度拍摄的图像集之间的映射关系,利用 SfM 算法估算相机的位姿,识别、匹配特征点,重构目标对象的稀疏几何结构,再利用 MVS 算法重构稠密的三维数字表面模型(图 15-1)。摄影测量的基本原理如下。

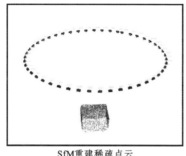 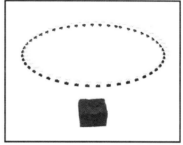

SfM重建稀疏点云　　　　　　MVS重建密集点云

图 15-1　SfM-MVS 三维重构示意图

1. 相机标定原理

为什么需要对相机进行标定?在解释这个问题之前需要先理解相机的数学意义。真实世界是三维的,而拍摄的图片是二维的。相机可视为一个广义函数,输入的是三维场景,输出的是二维图片,确切地说是灰度图(彩色图是 RGB 三通道,每个通道也可视为是一张灰度图)。由于映射关系是不可逆的,在缺少第三个坐标轴的信息时,我们无法将二维图片恢复到三维世界。而相机标定是使用带有图案的标定板求解相机参数的过程,以达到用一个简化的数学模型来代表复杂的三维到二维的二维的成像过程。其中,相机参数包括相机内参(焦距)、外参(旋转矩阵)、镜头畸变参数。

在相机标定过程中,涉及到以下原理的应用:

(1)小孔成像原理。小孔成像是一种自然现象,用一个带有小孔的板遮挡在墙体与物之间,墙体上就会形成物的倒立实像,我们把这种现象称为小孔成像。在假设没有镜头的情况下,真实世界的三维物体反射光线通过光圈,在相机的另一侧,即像平面位置,得到一个倒立的实像,如图 15-2 所示。

(2)坐标系转换。相机成像是三维真实场景到二维图像的过程,即世界坐标系到像素坐标系的过程,需要结合图 15-3 熟知若干专业术语。①世界坐标系(world coordinate system),点在真实世界的位置,描述相机的位置,单位是 m、cm 等(如图 15-3 中的世界坐标系所示)。②相机坐标系(camera coordinate system),以相机传感器(sensor)中心为原点,建立相机坐标系,坐标原点是图中的点 O,单位是 m(如图 15-3 中的相机坐标系所示)。③图像物理坐标系,经过小孔成像后得到的二维坐标,坐标原点是图中的点 O,单位是 mm(如图 15-3 中的图像坐标系所示)。④像素坐标系(pixel coordinate system),成像点在相机传感器上像素的行数和列数,无物理单位(如图 15-3 中的 μ 平面所示)。⑤主点,光轴与图像平面的交点,如图 15-3 中的点 F 所示。

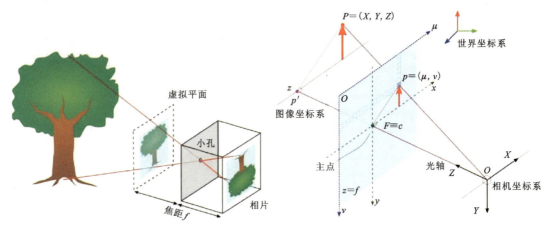

图 15-2　小孔成像原理示意图　　　　图 15-3　坐标系示意图

2. 特征检测与匹配原理

挑选出合适的无序图片,提取出相机的焦距信息;采用尺度不变特征变换(scale-invariant feature transform,SIFT)等特征提取算法对图像进行特征提取;采用 kd-tree 模型计算两张图像特征点之间的欧氏距离进行特征点的匹配;重复上述过程,如图 15-4 所示,找到特征点匹配个数达到要求的图像对;对于每一个图像匹配对,通过计算对极几何估计基本矩阵并通过 ransac 算法优化改善匹配对,并一直传递下去,形成特征轨迹。

图 15-4　特征点识别与匹配

3. 非线性优化(Non-Linear optimization)

采用光束法平差(bundle adjustment,BA)计算各个相机的位置、方向、焦距和相应特征的相对位置,反复迭代优化重构相机位姿。关键在于选择好的图像对初始化整个 BA 优化过程:对初始化选择的两幅图片进行第一次 BA 优化;循环添加新的图片进行新的 BA 优化,直到没有可以继续添加合适的图片,BA 优化结束。最终得到相机估计参数和场景几何信息,即稀疏的 3D 点云。

二、摄影测量的仪器设备

摄影测量所需仪器为正常可拍摄照片的数码相机或手机即可和处理采集照片数据的

计算机(对后期数据进行处理),以及带有编码点的标定板(对相机参数进行标定和校准)(图 15-5)。

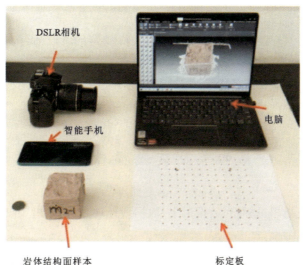

图 15-5　图片模式下相机校准使用仪器设备

第三节　实验技术要求

摄影测量实验技术要求通常包括以下几个方面:

(1)摄影测量设备选择。在进行摄影测量之前,需要选择合适的摄影测量设备。摄影测量设备的选择应基于项目需求、测量精度要求以及现场条件等因素,根据具体情况选择手机、相机、无人机等设备,并确保其质量和性能符合相应的国家标准。

(2)相机校准。在进行摄影测量之前,相机必须经过校准,以确保影像的几何和光学参数能够精确地反映实际场景。这包括相机的焦距、畸变、旋转和平移等参数的准确测量。

(3)飞行平台校准。如果是在飞行平台上进行摄影测量,如飞机或无人机,那么飞行平台的姿态、高度和位置信息也需要进行准确的测量与校准,以确保获取的影像数据与实际场景一致。

(4)摄影计划设计。在进行实验时,需要合理设计摄影计划,包括拍摄的角度、重叠度、高程差异等参数。合理的摄影计划有助于提高数据质量和后续的测量精度。

(5)控制点的建立。在实地或数学模型中建立用于定位的控制点。这些控制点需要精确地测量,以便将摄影测量的结果与实际坐标系对应起来。

(6)数据处理算法。选择和使用合适的数据处理算法,如立体测量、数字影像处理等,以从影像数据中提取出需要的地理信息。

(7)误差分析。对摄影测量的结果进行误差分析,了解其精度和可靠性。这包括系统误差和随机误差的分析以及定量评估测量结果的精度。

(8)标定板和地面控制。在实地或实验室中,使用标定板进行相机标定,同时设置地面控制点验证摄影测量的准确性。

(9)软件工具的选择和验证。使用合适的摄影测量软件工具进行数据处理和分析,并验证其准确性和可靠性。

(10)安全和法规遵守。如果实验涉及到无人机或其他飞行平台,确保符合相关的飞行安全法规,并获得必要的许可和批准。

(11)文档记录。对实验的各个阶段进行详细的文档记录,包括摄影参数、实验条件、数据处理步骤等,以便日后的审查和分析。

第四节　实验操作步骤

摄影测量实验包括相机标定、数据采集、数据预处理、数据输出 4 个步骤。

一、相机标定

为消除相机拍摄产生的畸变影响,需要先标定相机,求解相机的内参,再对目标物体进行拍摄。

打印带有编码点的标定板,分别采用固定焦距的相机和智能手机,以 3 种不同位姿在距离标定板一定的相同距离对标定板拍摄 12 张图片(图 15-6)。之后通过软件中的相机标定 APP 对求取相机内外参,具体求解过程如图 15-7 所示。

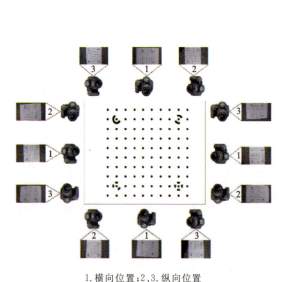

1. 横向位置;2、3. 纵向位置

图 15-6　相机校准(12 个摄像机位置)

图 15-7　张正友标定法求解步骤

二、数据采集

(1)小尺度研究案例的影像采集。将小尺度岩体结构面放置在一个可自动旋转的转盘中心,DSLR相机安装在三脚架上,调整相机与结构面样本的距离和竖向倾角以获得合适的影像,找到合适拍摄位置后,固定相机,保持相机位姿不变,采用环形法对小尺度研究案例进行拍摄视频(图15-8)。

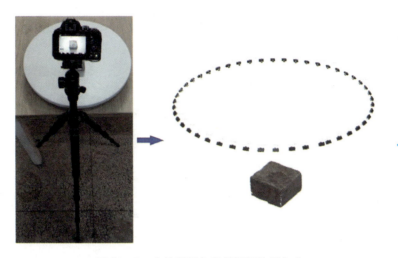

图15-8 小尺度研究案例视频拍摄方式

(2)中尺度研究案例的影像采集。由于中尺度研究案例即三峡坝芯被固定在一个区域,周围有栏杆保护。受高度限制,工作人员使用自拍杆以近似环形的方式拍摄视频(图15-9)。

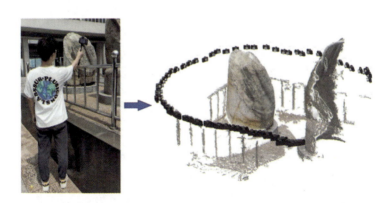

图15-9 中尺度研究案例视频拍摄方式

(3)大尺度研究案例的影像采集。大尺度研究案例为喻家山出露的一处基岩(喻家山露头)。考虑到露头近垂面,工作人员手持相机采用近似直线路径拍摄视频(图15-10)。

图 15-10　大尺度研究案例视频拍摄方式

三、数据预处理

在三维空间影像技术中,无论是三维激光扫描技术基于激光测距原理发射激光束扫描目标物体以快速获取其三维坐标点云数据,还是基于二维影像通过摄影测量技术解算以重构物体三维模型,两种技术生成的数据成果都能以点云的形式表达目标物体的几何特征。这里的点云是指高密度的三维点坐标数据,而这些点是用以表达被测物体表面的空间形态的三维离散点,具有随机性、离散性特点。

1. 点云数据去噪

为获取完整的岩体结构面三维点云数据,两种技术生成的点云模型中含有大量的噪点。这里的噪点可以理解为除岩体结构面顶面以外的点,属于无用数据。本次采用人工手动剔除岩体结构面三维模型顶面以外的噪点,保留的模型顶面作为结构面点云模型。

2. 岩体结构面点云模型坐标系设置

为便于从二维角度和三维角度定量表征岩体结构面粗糙度,需要对岩体结构面点云模型的坐标系进行如下处理:

(1) 按照右手螺旋法则,针对小尺度研究案例,沿剪切方向统一设置为 Y 方向,垂直于剪切方向设置为 X 方向;针对中尺度研究案例,将其长轴方向设置为 Y 方向,横轴方向设置为 X 方向;针对大尺度研究案例,将其所在地面的外法线方向设置为 Y 方向,平行于地面方向设置为 X 方向。

(2) 坐标原点统一设置在坐标系左下方。

四、数据输出

由于两种技术生成的点云数据中的三维点是离散的,本次在粗糙度评价之前对预处理后的点云数据重构三维几何模型。几何建模工作是在 Matlab 中编程实现的,即对包含空间几何信息 (X,Y,Z) 的点云进行网格化处理。在 Matlab 中使用 meshgrid 函数创建网格,使用 griddata 函数进行插值处理,插值方法选择 natural 方法。Natural 方法是基于三角剖分的自然邻点插值,该方法在线性与立方之间达到有效的平衡。在上述网格化的过程中进行网格插值,使得所有点云数据有序排列:以左下角为起始点,由左至右依行排列,排列完一行转入第二行,依次进行。如图 15-11(a)所示,为降低对结构面边缘处手动剔除噪对粗糙度定量评价的影响,实验设置了用于粗糙度定量表征的目标区域(ROI 区域)。在 ROI 区域内沿一定的采样间距从三维点云中提取二维轮廓线计算岩体结构面粗糙系数(JRC)。而三维角度评价参数需要采用三角剖分 delaunay 函数重建结构面表面形态[图 15-11(b)],将结构面离散为一系列微小的三角形平面,通过空间几何分析计算出各个三角形平面的倾向、倾角,用于计算沿结构面剪切方向的潜在接触面积,对结构面进行三维角度评价,重建出结构面的三维模型。

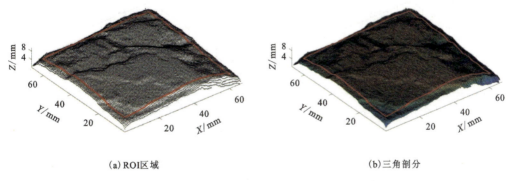

(a) ROI 区域　　　　　　　　　(b) 三角剖分

图 15-11　三维模型重建示意图

第五节　实验数据整理与分析

岩体结构面粗糙度系数(JRC)是表征岩石结构面粗糙度的重要评价方法之一。Barton 和 Choubey 提供了 10 种标准轮廓曲线,用于视觉比较估计结构面粗糙度系数。国际岩石力学学会(ISRM)推荐用于粗糙度估计(1978),为了消除尺度对评价结果的影响,从点云(图

15-12 中红框区域即 ROI 区域)中选取相同的采样尺寸,然后沿剪切方向(图 15-12 中的红色箭头)在 ROI 区域提取轮廓线。

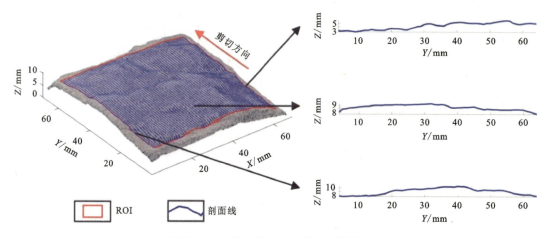

图 15-12 从三维点云中提取二维轮廓

根据这些剖面线上各点的坐标可以计算出与 JRC 值相关的粗糙度参数。许多学者根据 Barton 建议的 10 条岩石节理轮廓拟合了粗糙度参数与 JRC 值之间的数学相关性(Tse and Cruden,1979;Reeves,1985;Franklin et al.,1988;Maerz et al.,1990;Yu and Vayssade,1991;Hsiung et al.,1993)。在这些粗糙度参数中,一阶导数的均方根(Z_2)与 JRC 值之间的相关性很强(Yu and Vayssade,1991)。Tse 和 Cruden(1979)使用 Z_2 建立的离散形式回归方程[式(15-1)]估计岩石节理的粗糙度。沿着剪切方向从 SfM-MVS 摄影测量和激光扫描生成的三维点云中以规则的点间隔提取具有坐标的剖面。为了确定整个岩石节理的 JRC 值,计算所有剖面 J_2 值的平均值[式(15-2)和式(15-3)]:

$$Z_2 = \sqrt{\frac{1}{L}\sum_{i=1}^{N-1}\frac{(Z_{i+1}-Z_i)^2}{(Y_{i+1}-Y_i)^2}} \qquad (15-1)$$

$$\mathrm{JRC}^{2D} = 32.2 + 32.47 \times \log_{10} Z_2 \qquad (15-2)$$

$$\mathrm{JRC}^{3D} = \sum_{j=1}^{M}(\mathrm{JRC}_j^{2D}/M) \qquad (15-3)$$

式中:Y_i、Z_i、Y_{i+1} 和 Z_{i+1} 分别为第 i 个点和第 $i+1$ 个点的 Y 坐标和 Z 坐标;L 为轮廓线的长度;M 为结构面提取的二维轮廓线数量;N 为每条轮廓线上的点数。

1. 基于图片模式的小尺度岩体结构面粗糙度二维评价

沿剪切方向(图 15-12 中的红色箭头)选择二维岩石节理剖面,两个相邻剖面之间的间距为 0.5mm,为 ROI 提取 120 条轮廓线。将所有轮廓线的 Z_2 值的平均值作为岩样的 JRC 值。3 组点云的二维评价结果如图 15-13 所示。

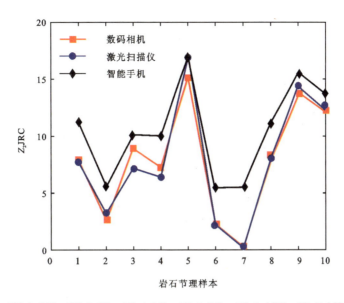

1. FS4-3U；2. FS5-1U；3. M1-5D；4. M2-1D；5. M2-1U；6. MS2-5D；7. MS2-5U；
8. MS4-4U；9. S1-2D；10. S1-2U。

图 15-13 基于图片模式的小尺度岩体结构面粗糙度二维评价

比较 3 组点云的粗糙度评价结果，以进一步评估基于图片模式的摄影测量法在小尺度岩体结构面粗糙度评价上的精确性。图 15-14 显示了基于激光扫描仪、DSLR 相机摄影测量和智能手机摄影测量生成的 10 个小尺度岩石节理样本点云 JRC 计算结果。3 种方法的结果都显示出相似的岩石节理粗糙程度趋势，总体上看，3 种方法的二维角度评价 JRC 在判断结构面粗糙程度趋势上是一致的，然而，它们之间存在差异（如最小粗糙度），主要是因为 3 组点云的二维和三维空间信息之间存在差异。更重要的是，基于 DSLR 相机摄影测量（红点）生成的点云粗糙度估计与激光扫描（蓝点）的结果比基于智能手机摄影测量（黑点）的结果更接近，而智能手机摄影测量的岩样粗糙度评价结果偏高。

2. 基于视频模式的多尺度岩体结构面粗糙度二维评价

为了评价大尺度研究案例的岩石节理粗糙度，从露头点云中分离出 5 个节理，其分布如图 15-14 所示。

本次在数据预处理中将沿剪切方向设置为 Y 轴正方向。针对多尺度研究案例统一沿 X 轴方向逐列提取 YOZ 平面内的二维岩石节理剖面，两组点云的二维评价结果如图 15-15 所示。

从评价结果来看，DSLR 相机摄影测量得到的节理点云粗糙度趋势与激光扫描得到的一致。在小尺度和中尺度研究案例中，摄影测量的粗糙度评价结果与激光扫描非常吻合。在大尺度研究案例中，DSLR 相机摄影测量的粗糙度评价结果与激光扫描也非常吻合。

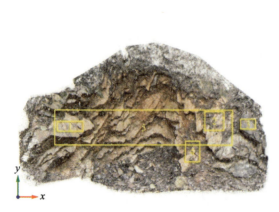
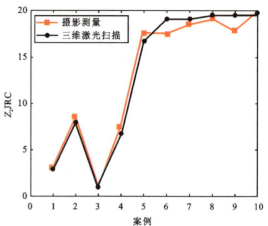

图 15-14　大尺度研究案例分离出的
5 个研究对象位置示意图

1~4.小尺度研究案例 S1、S2、S3、S4；5.中尺度研究案例；6~10.大尺度研究案例中分离出的节理。

图 15-15　基于视频模式的多尺度岩体
结构面粗糙度二维评价

第六节　工程案例分析

基于图片模式的小尺度岩体结构面三维高质量建模案例详述如下。

1. 相机标定

打印带有编码点的标定板，采用 55mm 焦距分别固定在 DSLR 相机（NikonD5600）和智能手机（HUAWEI nova10），在与标定板距离约 0.776m 处以 3 种不同的位姿对标定板拍摄 12 张图片（图 15-16）。

2. 相邻相机位置分布水平角对三维建模质量的影响

摄影测量技术是在具有一定重叠度的图像上进行三维重建，而每张图像都有对应的相机位姿。相邻相机位置分布水平角即相邻两个相机位置之间的水平夹角（如图 15-17 中的 interval 所示），其显著影响图像集的重叠度，进而影响岩体结构面的三维建模质量。为探究相邻相机位置分布水平角（interval）对岩体结构面三维建模质量的影响，本次采用环形法对小尺度岩体结构面（尺寸约为 70mm×70mm）采集图像。首先，将岩样放置在可旋转的平台中央，将相机固定在三脚架上，旋转镜头至 55mm 焦距处，保持镜头焦距固定不变；其次，调整镜头与结构面样本的距离和竖向倾角以获得合适的图像，找到合适拍摄位置后固定相机，保持相机位姿不变。按照不同的水平角间隔旋转平台，每旋转一个水平角度捕获一张图像。本次设置 21 组不同水平角间隔对岩体结构面样本 M1-5D 进行图像拍摄，interval 值分别为 3°、4°、5°、6°、8°、9°、10°、12°、15°、18°、20°、24°、30°、36°、40°、45°、60°、72°、90°、120°

和180°。相应地,21组小实验对应的图像拍摄张数分别为120张、90张、72张、60张、45张、40张、36张、30张、24张、20张、18张、15张、12张、10张、9张、8张、6张、5张、4张、3张和2张。

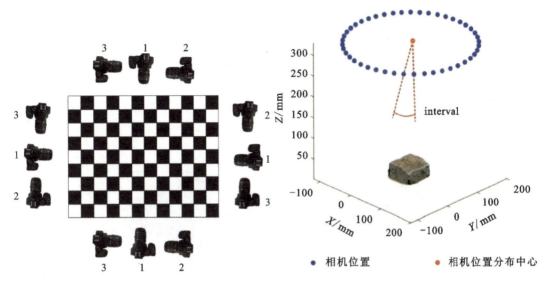

1. 横向位置;2、3. 纵向位置。

图15-16 图片模式下相机校准(2个摄像机位置)

图15-17 相邻相机位置分布水平角示意图

以编号为M1-5D的岩石为例[图15-18(a)],DSLR相机和智能手机以3°~180°的不同interval拍摄图像序列(21种配置)(表15-2),而其他实验条件保持恒定(如光照强度、拍摄距离和拍摄角度)。图15-18(b)~(e)显示了由两种摄影测量方法在不同的interval下生成岩样M1-5D的3D模型。当interval太大时(单反相机≥120°,智能手机≥72°),拍摄的图片数量有限,图像之间的重叠度小,检测到的特征点很少,无法生成岩样M1-5D的3D模型。当interval减少,对应的一定数量的图像可以成功重建M1-5D的3D模型,但最终生成的点云有孔洞出现,使得岩石节理表面上的局部几何信息缺失(45°≤interval≤90°对于DSLR相机;智能手机10°≤interval≤60°)。与DSLR相机摄影测量相比,在智能手机摄影测量的岩体结构面样本M1-5D的三维重建过程中产生的孔洞更多。当DSLR相机的interval范围为8°~40°,智能手机的interval范围为8°~9°时,岩样M1-5D的3D模型与实际情况非常吻合[图15-18(a)]。当interval太小(<8°)时,可以直观地观测到DSLR相机摄影测量和智能手机摄影测量重构的3D模型的质量无法继续提高。这是因为在一个小的interval下拍摄的图像过多,图像之间的特征点检测和匹配的错误概率相应增加,导致3D模型出现孔洞。

(a) 岩体结构面样本 M1-5D

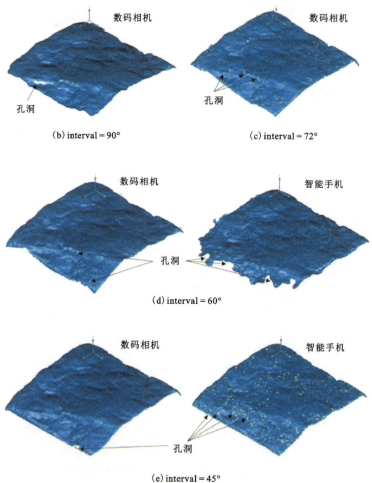

(b) interval = 90°　　　　　　(c) interval = 72°

(d) interval = 60°

(e) interval = 45°

图 15-18　DSLR 相机摄影测量和智能手机摄影测量
以不同 interval 重建 M1-5D 3D 模型的差异

表 15-2 DSLR 相机和智能手机摄影测量收集的点云基本信息

interval/(°)	图像数/张	点云数 DSLR相机	点云数 智能手机	尺寸/(mm×mm) DSLR相机	尺寸/(mm×mm) 智能手机	拍摄时间/s DSLR相机	拍摄时间/s 智能手机	数据处理时间/s DSLR相机	数据处理时间/s 智能手机
3	120	61 7324	622 295	68.42×68.8	67.85×68.48	1260	960	7333	7641
4	90	502 780	353 633	68.24×69.16	67.82×67.3	720	630	4971	2492
5	72	390 818	283 984	69.01×69.7	67.66×68.23	540	432	2680	2008
6	60	278 279	191 442	68.26×68.66	69.07×67.75	480	360	1315	1789
8	45	279 648	195 651	68.38×68.44	68.87×67.99	300	270	998	1253
9	40	156 491	103 460	68.85×69.06	68.73×68.04	280	200	847	1033
10	36	157 597	100 597	69.32×68.79	68×67.98	260	180	708	888
12	30	154 912	101 709	68.09×68.82	67.84×68.13	240	150	566	683
15	24	156 798	100 950	68.84×68.16	67.51×67.95	180	120	403	499
18	20	158 099	100 737	68.72×68.26	67.75×67.7	120	100	325	426
20	18	154 812	101 135	68.59×68.59	67.95×68.21	100	72	310	400
24	15	152 444	98 996	68.37×68.57	67.5×67.94	75	60	277	328
30	12	152 609	97 417	68.72×68.25	68.37×68	60	48	219	268
36	10	153 115	101 947	67.56×68.59	69.04×68.46	50	40	167	144
40	9	148 008	103 978	68.57×68.76	68.45×68.37	45	36	134	101
45	8	256 840	146 778	68.59×69.84	64.94×67.9	40	24	101	69
60	6	226 835	189 703	68.97×68.36	68.08×68.26	30	18	77	59
72	5	236 258	—	69.16×69.06	—	25	15	69	—
90	4	226 648	—	69.51×69.04	—	20	12	52	—
120	3	—	—	—	—	15	—	13	—
180	2	—	—	—	—	10	—	4	—
电脑配置				• 电脑型号:Lenovo XiaoXinPro-13ARE 2020 • CPU:AMD Ryzen 7 4800U with Radeon Graphics 1.80 GHz • 内存(RAM):16.00 GB (15.4 GB usable)					

然而,interval 越小,需要拍摄的图像就越多,三维重建生成的点也越多,图像拍摄和数据处理需要的时间也越长(表 15-2)。在 21 组小实验中,20 组使用 DSLR 相机摄影测量重建的岩样 M1-5D 顶面的点云数量超过 150 000,19 组使用智能手机摄影测量重建的岩样 M1-5D 顶面的点云数量超过 100 000。两种类型摄影测量的图像拍摄时间均小于 30min,

对于 120 张图像(interval=3°),数据处理时间最长约为 2h。因此,为在可接受的时间范围内生成充足的点云以定量评价岩体结构面粗糙度,需要确定一个合适的 interval。

3. 小尺度岩体结构面三维高质量建模

针对小尺度岩体结构面样本,使用上述实验设置和适当的 interval(8°),分别通过 DSLR 相机和智能手机摄影测量,为每个岩样生成两组点云。此外,使用手持式三维激光扫描仪(OKIO-FreeScan X5)获取相同的岩样形貌数据作为一组参考点云数据,以评估摄影测量重建模型的精确性。图 15-19 展示了岩体结构面样本的实图和生成的 3 组点云,其中红色框表示将用于小尺度岩体结构面粗糙度评价的目标区域(ROI)。从图 15-19 可以直观地看出 3 组点云模型与原始图像中岩样的形貌相符。由于分辨率更高,手持式激光扫描仪获取的模型点云数高达数百万。通过摄影测量结合 DSLR 相机和智能手机所获取的点云数量可达数十万。而且数码单反相机(NIKON D5600)和智能手机(HUAWEI SEA-AL10)较为经济,价格分别约为 5470 元和 2190 元,远低于手持式激光扫描仪的价格(约 131 200 元)。

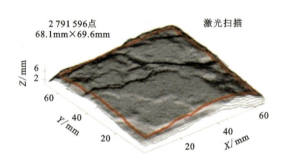
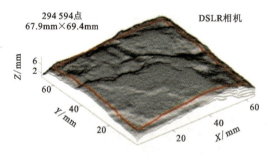
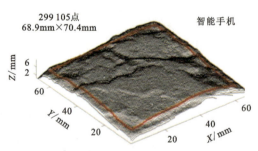

图 15-19　小尺度岩体结构面样本的实拍图像、激光扫描、
DSLR 相机摄影测量和智能手机摄影测量的形貌比较

第十六章 基于井下摄影的岩体结构面识别实验

第一节 概　述

井下电视成像技术是一项较新的测井技术,可以直观地监测井下油管或套管的技术状况,利用数字图像处理技术,对井下电视图像进行数字化处理、图像分割和边缘跟踪,并利用成像原理得出电视图像中实物的几何尺寸,达到井下电视的定量解释目的。实际应用表明,该定量方法解释结果准确可靠,是对井下电视测井技术的进一步完善,井下摄影现场实验指的是开展岩体结构面参数的测量工作,井下电视技术首先获取岩芯钻孔的孔壁图像,再对图像进行数据处理,计算岩体结构面参数。对钻孔的孔壁图像进行数据处理时,可以采取人工判读和自动识别两种方法。人工判读一般由地质工作者主观地给出结构面正弦曲线控制点或者输入必要的特征参数,再进行正弦函数曲线拟合,计算出拟合参数。但是人工判读方法受地质工作者的主观认知水平影响较大,效率也较低。此外,钻孔深度往往长达数百米甚至上千米,在处理大量的钻孔图像时,即使是经验丰富的地质工作者也容易因为疲乏而误判。自动识别方法包括图像空间变换法、图像分割法、Hough 变换法、灰度值极差法、定位信号特征值 D 法等。其中,图像空间变换法和 Hough 变换法适应性较差,而且 Hough 变换法的计算性能消耗太大;图像分割法主要利用图像灰度特征和梯度特征的特征信号,计算较为复杂,而且未考虑到数字钻孔图像的横向连续性;定位信号特征值 D 法虽然可以完成结构面识别,但只能实现半自动化定位,而且存在一定误差,有时受噪声点的干扰不能识别出完整的结构面区域。因此,基于深度学习的结构面自动识别方法成为解决该难题的新方向。

钻孔全景图像能以视觉方式获取钻孔孔壁岩层表面特征的原始图像,钻孔声波波速测试能够迅速、准确地获得岩体的波速值。使用这两种方法可获取岩体在原位情况下的结构面几何参数和岩体完整性系数值。使用全景图像处理软件,依照不同深度结构面分布的密集程度对结构面进行分段,参数设置中将结构面宽度、结构面间距分别分组进行统计。钻孔摄像的主要目的如下:

(1)对岩石的颜色、组成、颗粒结构、形态等进行分辨,辨识软弱夹层是否有泥化现象等。

(2)观察断层、裂隙、节理、裂隙发育带、岩脉、岩溶等地质构造的原始状态,估计其规模,量测其产状等。

(3)通过对全孔孔壁的观察,给出全景图像和虚拟岩芯图,并进行相应的分析。

第二节 实验的基本原理与仪器设备

一、实验原理

钻孔全孔壁数字成像系统的基本原理是在井下设备中采用了一种特殊的反射棱镜成像的CCD光学耦合器件将钻孔孔壁图像以360°全方位连续显示出来,利用计算机控制图集、展开、拼接、记录并保存在计算机硬盘上,再以二维或三维的形式展示出来,亦即把从锥面反射镜拍摄下来的环形图像转换为孔壁展开图或柱状图。将摄像头和带有自动调节光圈的广角镜头装进防水承压舱里,然后放入需监测的孔内,将拍摄到的孔壁四周及下部的全景图像通过电缆传送到地面监视器显示,监测人员就可实时观看孔壁四周的图像,同时由录像机记录下整个检测过程的图像,也可根据需要记录部分图像摄像机将孔壁四周的信号拍摄下来,经电缆、电子传输设备传输到主机。传输的信号包括视频信号和光电脉冲信号。主机将视频信号和计数脉冲合成并分两路输出,一路输出到录像机将合成信号记录在磁带上,另一路输出到监视器屏幕上显示图像信号和深度。在水文钻孔中主要用于地层结构的划分、井壁地层裂隙及岩溶发育情况的判别,用于坏井(滤水管堵塞、井管破碎)的修复等工作。钻井电视(井下电视)必须在清水孔中或无水孔中测试,也可以在垂直钻孔、水平钻孔和有任意角度的钻孔中测试。测试数据图像可通过互联网传送给有关部门,以便在室内给予指导。

二、仪器设备

本次井下摄影现场实验使用武汉中岩科技有限公司研制的SR-DCT(W)型多功能钻孔成像分析仪所采集的钻孔图像成果图。如图16-1所示,该型号多功能钻孔成像分析仪主要部件为不锈钢成像探头,探头配置光源及探头罩,可良好适用于地下钻孔环境。数据屏幕可以随着探头深入观察钻孔情况并进行相关操作和记录。数据通讯线及电缆用于连接探头及屏幕以及记录深度。

1.不锈钢成像探头;2.数据通讯线;3.数据屏幕;4.绞车及电缆;5.钻孔电视成像仪主机。
图16-1 SR-DCT(W)型多功能钻孔成像分析仪

在待测钻孔边安装好仪器即可开始工作,数字式全景钻孔摄像系统可以在钻孔中连续工作,工作时可以连续观察孔壁、岩性及岩石节理特征、关系和方位等。同时,数字式全景钻孔摄像系统可以同时导出连续的360°环绕的钻孔图像,主要特点如下:

(1)探头采用的是1300万数字摄像头,能非常清楚地分辨图像细节。

(2)方位精度±1°~3°。

(3)集成高效图像处理算法,自动校正角度和深度,能自动提取剖面图,实时全景视频图像和平面展开图像呈现。

第三节　实验技术要求

井下摄影实验技术要求通常包括以下几个方面:

(1)环境适应性。测试摄影设备在井下环境中的适应性,包括高温、高湿、高压等特殊环境条件下的性能表现。摄影设备应具备良好的环境适应性,能够在恶劣的井下环境中正常工作。

(2)光线适应性。测试摄影设备在井下光线条件下的表现,包括低光、弱光和暗光环境下的成像质量。摄影设备应具备良好的光线适应性,能够在光线较弱的情况下提供清晰的图像。

(3)分辨率和清晰度。测试摄影设备的图像分辨率和清晰度,包括图像的细节捕捉能力和图像的清晰度。高分辨率和清晰度可以提供更详细和准确的图像信息。

(4)色彩还原性。测试摄影设备对井下环境中的颜色还原的能力,确保摄影设备能够准确还原井下场景的真实色彩。

(5)抗干扰能力。测试摄影设备对井下电磁干扰的抗干扰能力,确保摄影设备能够在井下电磁干扰较大的情况下正常工作。

(6)视角和视野范围。测试摄影设备的视角和视野范围,即摄影设备能够捕捉到的水平和垂直角度范围。较大的视角和视野范围可以提供更广阔的视野。

(7)数据传输和存储。测试摄影设备的数据传输和存储能力,包括图像数据的传输速度和设备的存储容量。摄影设备应具备较高的数据传输和存储能力,能够处理和存储大量的图像数据。

(8)安全性和可靠性。测试摄影设备的安全性和可靠性,确保设备在井下操作过程中不会对人员或环境造成伤害,并能够长时间稳定工作。

这些实验技术要求可以帮助评估和验证井下摄影设备的性能与功能,确保其能够在井下环境中满足安全和工作要求。具体的技术要求应根据实际情况和应用需求进行确定。

第四节　实验操作步骤

钻孔电视的主要工作流程通常包括以下步骤:

(1)准备工作。在进行钻孔前,需要选择合适的钻孔电视系统,确保其能够适应井孔的深度、直径和环境条件,同时需要布孔、清洗孔、平整场地并安放绞车或支架。在井孔下方附着一个特殊的测井工具,这个工具包含摄像头、照明设备和其他必要的传感器。

(2)下井操作。钻孔电视系统通过电缆与地面设备连接,然后通过钻杆或类似的结构降入井孔。在下降的过程中,要确保工具的稳定性以及电缆能正常工作。

(3)摄像头导航。一旦到达目标深度,摄像头开始工作。摄像头可以通过旋转、倾斜或其他机械方式进行导航,以捕捉井孔壁的图像。这个阶段照明系统也会提供足够的光线。

(4)图像传输。摄像头捕捉的图像通过电缆传输到地面设备。这些图像是实时的,地面操作人员可以即时监控井孔内的情况。

(5)实时监控与控制。地面操作人员会根据实时传输的图像进行监控,并可以通过电缆对钻孔电视系统进行远程控制,以调整摄像头的角度、照明强度等参数。

(6)数据记录与存储。钻孔电视系统通常具备数据记录功能,将采集到的图像和相关数据存储在地面设备或井下设备的内存中。这有助于后续的数据分析和报告生成。

(7)上井操作。钻孔电视工作完成后,将设备从井孔中取回。在上升的过程中,需要保证工具的稳定性,并确保采集到的数据不受到损害。

(8)数据分析与解释。采集到的数据可以在地面进行详细的分析和解释。地质学家和工程师可以利用这些数据来识别地层结构、岩石类型、裂缝、孔隙度等地质特征。

(10)出具钻孔电视测试报告。

总的来说,钻孔电视通过实时图像捕捉和远程监控,为地下井孔的勘探、评估和地质研究提供了有力的工具。

第五节 实验数据整理与分析

本次选用的 ZKZ01 钻孔总深度 187.2m,为防止钻孔出现坍塌,安装了多个套管。因此可利用 52.2~187.2m 深度的钻孔图像进行结构面识别。最终在钻孔成像完成后,获得了数份大小共计 438MB 的文件(图 16-2)。

根据声波波速在不同深度的变化,将声波波速统计分段参数按照裂隙统计的分段参数设置进行分段。具体的统计方法为:首先将野外测试的声波资料进行处理,得到钻孔不同深度的声波波速值;然后将得到的岩体波速分段后运用计算软件进行统计,计算出不同深度范围岩体波速的最大值、最小值和平均值,最终得到岩体完整性指数;最后将波速计算的岩体完整性指数、深度与钻孔图像的结构面深度结合,根据结构面分布情况,分析图像中结构面的结合程度,判断该段地层的性质。若岩体完整性指数大于 0.8,则表示岩体较为破碎,指示该处可能存在断层;若岩体完整性指数小于 0.8,则表示岩体较为完整,指示该处可能为地层。

基于钻孔图像中岩体结构面几何关系的节理粗糙度系数评价方法,在去除相关系数低于 0.9 以及边缘线识别结果缺失、较多错位、模糊不连续的岩体结构面数据后,开展钻孔图像中岩体结构面粗糙度系数的计算工作。

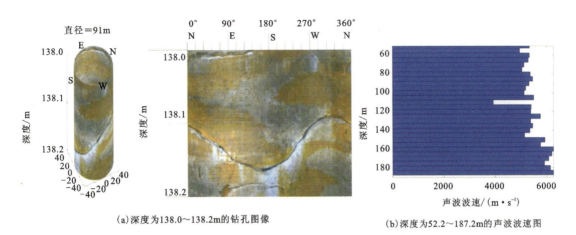

图 16-2 ZKZ01 钻孔图像和声波波速测试

图 16-3 展示了 ZKZ01 钻孔图像中的 143.0～143.5m 段。该段中可见有结构面 a、结构面 b、结构面 c 和结构面 d 四个结构面。由钻孔图像可见,结构面 a 出现大段的结构面边缘模糊以及幅度较大的错位不连续情况,而结构面 b 则出现结构面大幅度错位、缺失、不连续以及岩体结构面剥落且结构面边缘不明确的情况。图像上出现的这些情况最终也会反映在这两个结构面边缘识别结果中。这样的结构面边缘识别结果大段的缺失、错位、不连续和模糊,造成结构面几何信息大量缺失,无法做出补救措施,虽然仍能根据其余结构面片段近似拟合岩体结构面,并计算其几何参数,但其几何信息精准度、完整度已不可信。因此 ZKZ01 钻孔图像中类似的结构面不纳入本部分的岩体结构面粗糙度系数计算工作中。

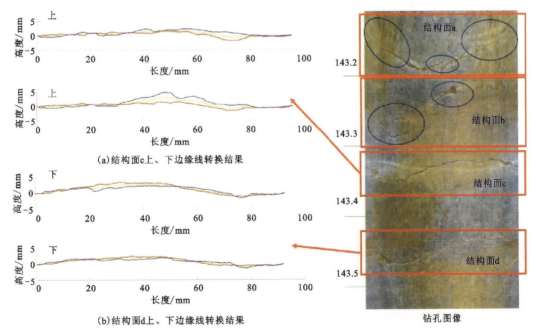

图 16-3 ZKZ01 钻孔图像中结构面与其转换结果

而钻孔图像中的结构面 c 与结构面 d 边缘整体清晰、稳定连续。在完成边缘识别工作后,有少量的不清晰边界也可人工介入连接调整而不扰乱结构面原有几何信息。最终结构面 c 与结构面 d 的上、下边缘线转换结果如图 16-3(a)(b)所示。转换结果图中,红线代表结构面对应椭圆的左半椭圆转化结果,蓝线代表结构面对应椭圆的右半椭圆转化结果,黄线代表综合红、蓝两条直线后得到的结果。获取转换结果后,可直接代入粗糙度系数的计算工作中。

第六节 工程案例分析

如美水电站位于西藏最西边昌都市芒康县,地理坐标为东经 98°21′3″、北纬 29°37′4″。水电站地形上处于如美镇上游澜沧江河段的深山峡谷地区,地形起伏较大,海拔高程介于 2587~3580m 之间,相对高差约为 993m,两岸边坡陡峭,河谷内水流湍急,呈"V"字形。两岸分布有多条冲沟,多数沿坡面向垂直于河道的方向发育,冲沟内坡度较陡,延伸长度都在 500m 以内,只有极个别的冲沟延伸长度超过 1km。由于冲沟影响,两岸地形地貌不甚完整,坡面的岩体也显得较为破碎。

研究区地层分布较为单一,主要为中三叠统竹卡组,其次为广泛分布于澜沧江两侧的第四系。研究区西南处左岸发育一较大坡积块碎石堆积体。左右两岸分布有冲坡积碎块石土、坡洪积碎块石土、冲积物,零星分布有残坡积块碎石、坡积块碎石、冲坡积、坡洪积、残坡积。主干断裂——竹卡断裂(F_4)呈近南北向展布,还发育有次级结构面小断层和长大断裂,构造发育,结构面众多。本次钻孔图像使用的 ZKZ01、ZKZ02 两个钻孔分布于断层 F_2 两侧,钻孔图像中结构面特征显著。地下水类型主要为基岩裂隙或断层等构造破碎带中的裂隙水和第四纪松散堆积层内的孔隙水。裂隙水主要留存于基岩裂隙或构造破碎带内,常见于坡体内部,主要受大气降水和雪融水补给。孔隙水主要留存于第四系松散堆积层中,常见于坡表缓坡处,受季节影响较大,主要向就近沟谷或冲沟排泄。

研究区属于高原山地气候和亚热带季风气候,常年平均气温较低,年平均降水量为 350~450mm,主要集中在 6—9 月,7 月全年降雨最多,1 月全年降雨最少。年平均气温 4.8℃,无霜期 95d。

基于上述方法,从 ZKZ01 钻孔图像中提取了 103 个有效岩体结构面,并计算岩体结构面的 5 个几何参数[产状(倾向 α、倾角 β)、深度(depth)、张开度(aperture)、视间距(spacing) 和节理密度(joint density)]。

图 16-4 中展示了 5 个几何参数沿深度方向变化情况。由于节理密度不能直接从钻孔图像中获取,而是需要一定的单位长度为基础才能计算(本次测量长度为 1m)。因此,图 16-4(e)中涉及的节理密度统计单位与其他参数不同。

由图 16-4 可见,钻孔中的 100~120m 部分节理张开度明显增大,节理视间距明显减小,这表明该区域岩石节理发育较多,岩体完整性较差,因此也反映节理密度参数在这一区域较大。此外,观察图 16-4(d)发现,150m 以下的节理视间距较大,这也反映了这一部分岩体相对完整,相同区域也反映为有较小的节理密度。

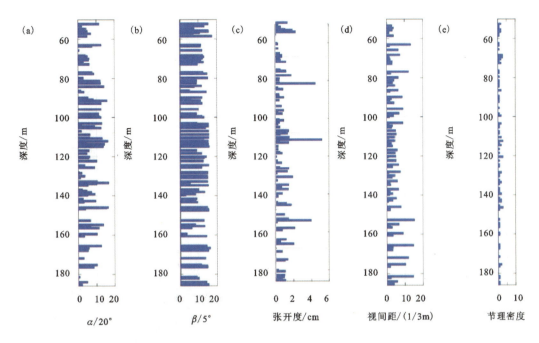

图 16-4　钻孔 ZKZ01 中 5 个几何参数沿深度方向变化图

表 16-1 为几何参数的计算总结,其中包括最小值、最大值、平均值和标准偏差。

表 16-1　几何参数计算总结

参数	样本数量/个	范围	平均值	标准差	直方图
倾向 $\alpha/(°)$	103	0.523~338.149	141.595	88.524	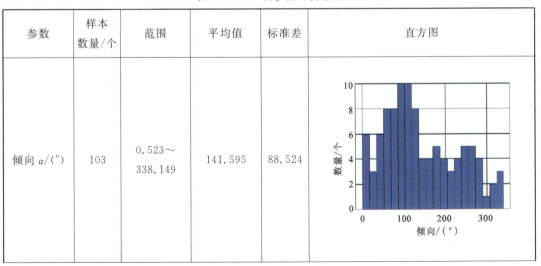

续表 16-1

参数	样本数量/个	范围	平均值	标准差	直方图
倾角 β/(°)	103	9.607~88.105	59.950	17.719	
张开度/mm	103	0.21~59.63	9.586 1	9.576 6	
节理视间距/m	102	0.027~5.098	1.293	1.155	
节理密度/(条·m^{-1})	137	0~9	3.552	2.080	

在如美水电站现场勘察期间,对同一钻孔 ZKZ01 进行了声波波速测量。由于声波波速可反映地下岩体的完整程度,因此利用其测量结果验证与本次计算的节理密度进行对比。图 16-5(a)显示了节理密度与声波波速沿深度方向的分布情况,基础单位相同,为 5m。在 100~120m 的深度内观察到更多岩石节理,导致该区域节理密度较大(每 5m 有 8 个结构面),波速较低(3180m/s)。相比之下,在 150~170m 深度范围内呈现完整岩体,节理密度达到最小值(每 5m 有 1 个结构面),声波波速达到最大值(6260m/s)。另外,节理密度和剪切波密度均符合实际情况。图 16-5(b)显示了节理密度和声波波速之间的整体相关性,计算得到 r_2 为 0.680 4,相关系数 r 等于 0.824 9,考虑到波速变化还受到岩性变化、饱水度、风化程度等多个因素的影响,这是可以接受的,验证了本研究中开发的方法的可靠性和应用性。

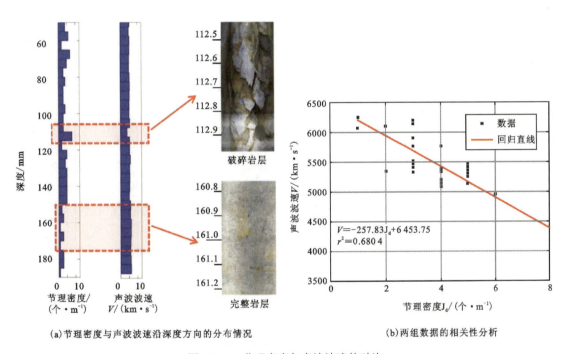

图 16-5 节理密度与声波波速的对比

第十七章 基于红外热成像的剪切破坏区域识别实验

第一节 概 述

红外热成像实验是一种利用红外相机测量岩土体表面的红外辐射,获取岩土体温度分布情况的无损测试方法。它基于岩土体具有不同的热导率、热容量和热辐射特性,通过红外热像仪实时记录岩土体表面的红外图像,并将其转化为温度分布图,从而分析岩土体的热特性和识别潜在问题。

红外热成像实验在岩土工程领域具有广泛的应用。它可以用于监测岩土体的温度变化,例如在地下工程或边坡工程中,可以监测岩土体表面的温度变化,及时发现异常情况,进行预警和处理。刘善军等(2004)利用 TVS-8100MKⅡ型红外热像仪较早开展了具有创新意义的遥感-岩石力学研究,此后又有学者对岩体撞击进行了热红外特征分析(谭志宏等,2005;刘向峰等,2005;张艳博等,2011),对煤炭破裂过程中的辐射温度场进行研究(钟晓辉等,2006),以及含缺陷岩石破坏过程的红外热像研究等(余为等,2005;吴育华等,2006)。这也充分证明了热红外成像仪运用于岩石力学实验中的可行性与先进性。

在进行红外热成像实验时,需要一台红外热像仪和相应的数据处理软件。红外热像仪能够实时记录岩土体表面的红外图像,并将其转化为温度分布图。数据处理软件则可以对红外图像进行进一步处理和分析。同时,为了确保实验的准确性和可靠性,还需要注意一些技术要求和操作步骤,例如选择适当的测试时间、控制测试环境的影响、调整红外热像仪的设置等。

基于红外热成像的剪切破坏区域识别实验可以精确识别岩体结构面的剪切区域,提高岩土工程的安全性和可靠性,保障工程的正常运行。

第二节 实验基本原理与仪器设备

一、实验基本原理

基于红外热成像的剪切破坏区域识别实验是一种非接触式的无损检测方法。其基本原理如下:

(1) 红外辐射原理。所有物体在温度不为绝对零度时都会发出红外辐射,其辐射能量与物体表面的温度成正比。这种红外辐射主要包括热辐射和表面反射辐射。

(2) 热辐射成像原理。物体表面的温度不均匀,不同部位的温度会有所差异,因此会产生不同强度的红外辐射。红外热成像设备可以通过测量不同部位的红外辐射强度并将其转化为热图,即将红外辐射能量映射到可视化的图像上。

(3) 岩土体的热特性。岩土体具有一定的热导率和热容量,不同的岩土材料在相同条件下会有不同的热传导和热储存能力。在红外热成像实验中,岩土体的热特性对其红外热图的形态和分布有直接影响。

在进行基于红外热成像的剪切破坏区域识别实验时,首先需要使用红外热成像设备对剪切破坏后的结构面表面进行扫描。设备通过测量不同部位的红外辐射强度,能够获取结构面表面的温度分布情况。这些温度数据被转化为热图,以不同的灰度或颜色表示不同温度区域,从而直观地展示结构面的温度变化。

基于红外热成像的剪切破坏区域识别实验是一种有效的岩土测试技术,它利用红外辐射和热辐射成像原理,通过扫描结构面表面并分析红外热图,能够提供结构面的温度分布信息,为工程设计和施工提供参考与决策依据。

二、仪器设备

本实验使用仪器为美国 FLIR SYSTEM 公司研制的 SC660 型红外热成像仪,如图 17-1 所示。

FLIR Systems 是一家全球领先的红外热成像技术和解决方案供应商,其产品被广泛应用于各个领域,包括工业、军事、航空航天和消费电子等。

SC660 型红外热成像仪是 FLIR Systems 公司研制的一款高性能的热成像仪,具有以下特点:

(1) 高分辨率。SC660 型红外热成像仪配备了一块 640×480 像素的热像传感器,能够提供清晰细致的红外图像。高分辨率的图像可以提供更多的细节信息,有助于用户准确分析和诊断问题。

图 17-1　美国 FLIR SYSTEM 公司研制的 SC660 型红外热成像仪

(2) 高灵敏度。该仪器具有高灵敏度的红外传感器,能够检测到微弱的热信号。这使得用户能够发现并定位一些隐蔽的热问题,如电路板中的热点、建筑物中的能量损失等。

(3) 多种测量模式。SC660 型红外热成像仪支持多种测量模式,包括温度测量、表面温度跟踪、温度差异分析等。用户可以根据不同的应用需求选择合适的测量模式进行工作。

(4) 视频录制和图像存储。该仪器可以进行实时视频录制,并支持图像存储。用户可以用于后续分析和存档,方便数据的回顾和共享。

（5）轻便便携。SC660型红外热成像仪具有轻便便携的设计，方便用户进行现场工作。它采用了人性化的外观设计和易于操作的界面，用户可以轻松操控设备。

FLIR Systems公司的SC660型红外热成像仪是一款性能卓越的热成像仪，它的高分辨率、高灵敏度和多种测量模式使其成为很多专业用户首选的设备。

第三节 实验技术要求

基于红外热成像的剪切破坏区域识别实验能够提供结构面的温度分布信息，为工程设计和施工提供参考与决策依据。以下是该实验技术的一些要求：

（1）仪器选择。选择适合岩土工程应用的高性能红外热成像仪，具有高分辨率、高灵敏度和多种测量模式，能够提供清晰细致的图像。

（2）环境条件。实验应在适宜的环境条件下进行，避免强光直射、大风、降水等因素对红外图像的影响。

（3）校准和标定。确保红外热成像仪进行了准确的校准和标定，以获得可靠的温度测量结果。校准应包括仪器本身的内部校准和与外部标准温度源的校准。

（4）实验设置。在实验前，需要对实验区域进行清理和准备，以确保实验结果的准确性。实验应选择合适的时间进行，避免太阳直射或温度变化较大的时段。

（5）图像采集。在实验过程中，保持红外热成像仪与被测对象的适当距离和角度。采集图像时，应注意保持图像稳定和清晰，避免运动模糊和图像失真。

（6）数据分析。对采集的红外图像进行适当的数据分析和处理，提取关键的温度信息并与相应的岩土工程参数进行对比和分析。

（7）报告和记录。将实验结果整理成报告，并按照国际标准或相关规范进行记录和归档。报告应包括实验的目的、方法、结果和结论，以供后续参考和分析。

总之，基于红外热成像的剪切破坏区域识别实验需要仪器选择、环境条件控制、校准和标定、实验设置、图像采集、数据分析以及报告和记录等多方面的要求，以确保实验的准确性和可靠性。

第四节 实验操作步骤

基于红外热成像的剪切破坏区域识别实验可以按照以下操作步骤进行：

（1）准备工作。选择适当的红外热成像仪和配件，并确保其已经校准和标定。清理实验区域，确保没有遮挡物和杂物。确认环境条件符合要求，如避免强光直射、大风、降水等。

（2）确定实验对象。根据实际需求，选择要进行红外热成像的岩体结构面。

（3）设置红外热成像仪。根据实验需求，调整红外热成像仪的参数，包括选择适当的测量模式（如全景模式、单点测量模式等）、调整温度范围和增益、设置测量间隔等。

(4) 进行实验。将红外热成像仪对准实验对象，保持适当的距离和角度。按下开始测量按钮，开始采集红外图像。在采集过程中，保持仪器和实验对象的相对稳定，避免运动模糊和图像失真。

第五节　实验数据整理与分析

将采集到的红外图像导入计算机或专业软件进行分析和处理，根据需要可以进行温度的定量测量、图像的增强和滤波、温度变化的动态展示等。在本实验中，温度变化大的区域即为剪切破坏区域。

根据数据分析的结果，对结构面的热特性进行解读和评估。撰写实验报告，包括实验目的、方法、结果和结论等内容。将报告按照国际标准或相关规范进行记录和归档。

第六节　工程案例分析

将基于红外热成像的剪切破坏区域识别实验用于结构面表面温度与粗糙度关系研究。实验用样本共有 5 个，均采自于重庆武隆鸡尾山高速远程滑坡滑动面上，位于二叠系栖霞组上段 P_1q^3 与二叠系栖霞组中段 P_1q^2 接触位置的软弱夹层中，试样为含碳质与沥青质黑色页岩，结构较破碎，表面可观察到明显的擦痕和镜面现象，出露平均厚度 30cm，产状约为 350°∠30°，如图 17 - 2 所示。

实验过程中，JW03 - 2AL 试样由于是第一个实验，准备工作不充分，导致温度采集失败，剩余样本全部顺利完成。实验室室内空气温度为 20.0℃，相对湿度为 30.0%，实验距离为 2m，辐

图 17 - 2　实验所用岩样

射率为 0.95。图 17 - 3 显示的为 JW02 - 1AR、JW02 - 2AR、JW03 - 1AR、JW03 - 3AR 四块实验的普通照片与红外热成像照片。图中灰度值高的表示温度较高的区域，灰度值低的表示温度较低的区域。每块岩体结构面剪切破坏后平均温度在 28℃ 左右。较实验室大气温度高约 8℃，并且每块岩样表面的温度呈不均匀分布。

如图 17 - 4 所示，本实验中岩体结构面表面剪切破坏后温度明显符合正态分布规律，平均值位于 28℃ 左右，标准差约等于 0.1。4 块试样中表面平均温度最低的为 28.183℃，最高的为 28.413℃，差值在 0.1℃ 量级范围以内，这说明用普通的温度测量仪器在获取表面温度信息过程中会存在一定的技术困难，检测不出试样数据间的差异，而本研究中所采用的红外热成像仪则可以实现精细测量目的。通过将红外照片与实际岩块进行对比，可以发现每块

岩体结构面表面温度较高的数值多集中在表面凸起的地方,说明该部分受到较大的摩擦剪切破坏,即表面粗糙度与平均温度之间具有明显的正比关系。

 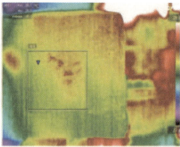

(a) JW02-1AR

(b) JW02-2AR

 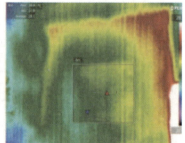

(c) JW03-1AR

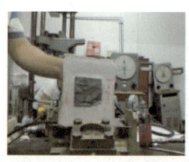 

(d) JW03-3AR

图 17-3 岩体结构面直剪实验剪切破坏后试样普通照片与红外热成像照片对比

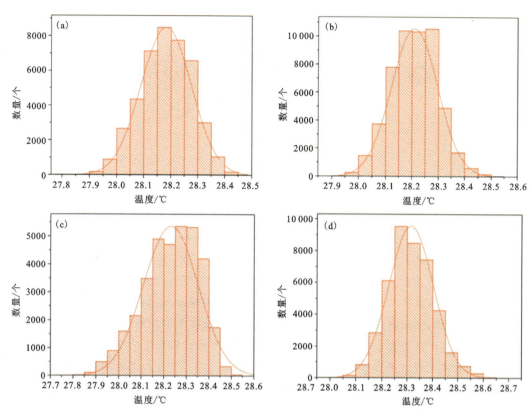

图 17-4 4块试样表面温度分布统计直方图

第十八章 基于高速摄像的滑坡碎屑流运动参数提取实验

第一节 概 述

高速摄像技术是专门研究如何实现对各种快速运动目标进行光学成像、完成高速光电转换和图像记录的技术,它集光学、高速成像、图像存储与处理等多项技术于一体。高速摄像是人眼视觉能力在时间分辨能力方面的延伸,它可以应用于一切我们想要探究的快速现象,如武器实验、爆炸科学研究、爆破工程等领域。高速摄像技术具有实时目标捕获、图像快速记录、即时回放、图像直观清晰等突出优点,是其他测量技术手段所难以替代的,开展高速摄像应用研究对于解决岩土工程中许多悬而未决的技术难题具有十分重要的现实意义。

高速摄像技术较之于其他传统测量手段具有以下显著优势:①摄像测量是非接触式手段,摄像过程不会对拍摄目标的结构特性和运动特性带来任何干扰,测量结果可视、客观、可信。②摄像测量技术具有测量精度高的优点。完备的光束法平差保证了三维解算的高精度,数字图像分析中各种亚像素方法也使得目标的图像定位精度能够达到1/10甚至1/100像素的量级,有效保证了测量结果的高精度。③对运动目标的动态测量是摄像测量另一重要优势。高速摄像可以得到时间序列图像,不仅可以对单幅图像进行分析定位,还可以考虑运动特征,对物体进行运动参数测量。由于时间序列图像多提供了一维时间轴信息,所以通过摄像测量既能够测量目标的静态三维信息,又能够获得目标在时空中的变化(变形、位移、速度、加速度等)信息。④在岩土工程中,对坡体潜在运动过程进行高速摄像观测,再利用高速摄像机的回放功能,可以清晰地再现岩体运动全过程,为寻求岩体表面的运动规律、研究爆破破岩机理、监测坡体位移、为地质灾害识别与预防提供有效的依据。

第二节 实验的基本原理与仪器设备

一、实验基本原理

在科学研究和实际工程中,许多应用对象分布在同一物平面内,测量对象的几何参数及其运动、变化都在同一平面内,用单台摄像机就可以测量得到各种所需几何参数和运动参数,平面摄像测量基本原理示意图见图18-1。

若被测物面与相机主光轴垂直,根据中心透视投影关系,目标及其所成像满足相似关系,只差一个放大比。所以只要从图像上提取所需要目标的几何参数,乘上实际放大比,就能够得到空间物体的实际几何尺寸,再结合序列图像的时间轴信息,就可以计算出物体的运动参数。若物体在同一平面内分布,但是物面并不垂直于摄像机主光轴时,如果能够知道主光轴与物面的夹角,则可以先进行角度投影变换,将图像校正成像面和物面相互平行的情况,以使两者满足相似关系。

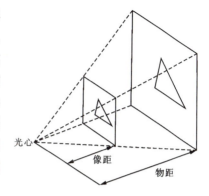

图 18-1 单相机平面摄像测量基本原理示意图

在平面摄像测量中,放大比的确定非常重要。简单、常用的方法是在测量物平面上放置带有绝对度量值的标尺或其他参照物,计算出此物平面的成像测量放大比。常见的二维平面测量主要有物体形状尺寸、位移、速度和加速度的测量,其基本原理就是用单幅图像进行被测目标的几何参数测量。

高速摄像机是岩土工程实况记录的关键设备,它的性能好坏将直接影响到整个研究过程的成败,所以掌握它的性能对于高速摄像机选型和应用十分重要。工业相机是机器视觉系统中的一个关键组件,其最本质的功能就是将光信号转变成为有序的电信号。选择合适的相机也是机器视觉系统设计中的重要环节,相机不仅直接决定了所采集到的图像分辨率、图像质量等,同时也与整个系统的运行模式直接相关。

二、仪器设备

数字式高速摄像机主要由光学成像物镜、光电成像器件、图像存储器件、控制系统和图像处理系统组成,如图 18-2 所示。

图 18-2 高速摄像机组成

(1)成像物镜。成像物镜的作用是使运动目标的像落在光电成像器件的成像面上。成像物镜要有足够大的口径,以保证在很短的曝光时间内光电成像器件都有足够的光照度。此外,成像物镜的分辨率、像差、焦距等参数必须与光电成像器件相匹配。

(2)光电成像器件。光电成像器件的作用是对高速运动目标图像快速采样并将其转换成电量。光电成像器件现多采用高速成像 CMOS(互补金属氧化物半导体)或 CCD(电荷耦合器件)。

(3)图像存储器件。图像存储系统用来暂时或永久地存储摄像系统所获取的数字图像,完成图像的快速存储,在高速摄像系统中一般采用数字化的存储方式,由计算机直接控制进行记录、存储和重放,存储图像的数量和大小与存储器的容量大小成正比。

(4)控制系统。控制系统包括控制镜头光圈、焦距机构和相机内部的时钟控制电路。负责控制拍摄频率、画幅大小、电子快门频率、图像信息存储、触发方式以及与主控制计算机的数据传输。在实际操作中,这些参数的设置和具体控制都是通过安装在相机上的软件操作来实现的。

(5)图像处理系统。高速摄像系统记录的序列图像,需要通过专门的判读和处理软件来进行定性的观测和定量的分析,以求得拍摄对象的一系列运动参数。在多数情况下,定量分析比定性观测更为重要,需要在序列图像中测量出拍摄对象的实际变化量,这就要求我们运用专门的应用软件来完成对图像质量的改善、判读和提取时间、空间等有效信息,并由此计算出拍摄目标的运动参数,达到测量实验的目的。

第三节 实验技术要求

岩土工程高速摄像实验是一种通过高速摄像技术记录和分析土体或岩石在加载和变形过程中的行为的方法。以下是一些常见的岩土工程高速摄像实验技术要求:

(1)摄像设备。需要选择适合高速拍摄的摄像设备,通常使用高帧率摄像机或高速摄像机。摄像设备应具备高分辨率、高帧率和高灵敏度的特点,以捕捉和记录短暂的土体变形过程。

(2)光源。摄像实验中,需要提供足够的光源来确保图像的清晰度和质量。常用的光源包括闪光灯、激光光源等,其选择应根据具体实验需要进行。

(3)校准和同步。在进行高速摄像实验前,需要对摄像设备进行校准和同步。校准可以确保摄像设备和图像处理软件的准确性,而同步可以对摄像设备与加载设备(如拉伸机或压力机)进行同步,以准确记录岩土体的变形。

(4)摄像参数。摄像参数的选择对于高速摄像实验的成功和可靠性至关重要。例如,帧率应根据岩土体变形速度选择,通常要求每秒在几百帧至几千帧的范围内。曝光时间、快门速度和图像分辨率等参数也需要根据具体实验要求进行调整。

(5)数据处理和分析。高速摄像实验得到的图像需要进行数据处理和分析,以获得岩土体的变形特征和行为。常用的数据处理和分析方法包括图像序列的跟踪、位移测量、形变分析等。这些方法可以通过专业的图像处理软件或自定义的算法来实现。

需要注意的是,岩土工程高速摄像实验技术在实际应用中可能会存在一定的差异和特殊要求,具体的技术要求可能会因实验目的、岩土体类型和实验条件等因素而有所不同。因此，在进行高速摄像实验前，建议咨询专业工程师或相关领域的专家，以获得准确和可靠的实验结果。

第四节　实验操作步骤

1. 高速摄像仪器布置

(1)摄像机应布置在研究区域一侧，使摄像主光轴线与目标的运动方向近于垂直。一般来讲，摄像机布设的位置离拍摄对象越近，拍摄出来的图像越清晰，拍摄效果也就越好。但鉴于突发情况极有可能对实验设备造成不必要的伤害或损坏，因此摄像机也不应布置得太近，必须控制在一定安全范围以外。

(2)范围监控目的是提供比例尺和参考点。通常在研究区域周围空旷处放置标记物，并把这些标记物与摄影机的相对位置绘制在设计图上，这样就可弄清研究对象与摄影机的预先标注的坐标位置，以满足运动分析研究的需要。

2. 参数选择与设定

对现场拍摄范围做出估计之后，可对摄像机镜头做出选择。根据几何光学原理，镜头的焦距可按下式计算：

$$f = \frac{wl}{W} \tag{18-1}$$

式中：f 为镜头的焦距(mm)；w 为摄像机靶面宽度(mm)；l 为被拍摄对象至摄像机镜头的距离(m)；W 为拍摄范围的宽度(m)。

类似地，成像放大比、拍摄频率和图像分辨率、曝光时间与快门速度等拍摄参数，可以通过安装在主控制计算机上的控制软件直接对高速摄像机进行选择设定。

3. 数字图像采集

高速摄像观测站布置等现场准备工作完成以后，通过数据线连接高速摄像机和主控制笔记本电脑，随后启动高速摄像机和主控制笔记本电脑，调整焦距使图像最清晰的部位位于观测区的中心，图像的画面保持清晰可见，设置采集图像的拍摄频率、快门曝光时间、采集时间等，同时通过摄像机的数据线把同步控制器接入高速摄像机。一切准备就绪，即可开始进行图像的拍摄，并将所有拍摄的图像自动存入存储器。

第五节　实验数据整理与分析

高速远程滑坡-碎屑流的运动过程可视为基岩颗粒的流动过程，应按照流体运动的方式进行研究。粒子图像测速(particle image velocimetry, PIV)应运于流体力学实验的需求而生，可以精确测量平面内的瞬态流场，定量研究流体运动的动态变化。对于高速摄像获取的连续帧滑坡碎屑流运动图像,可将其导入 PIVlab 并利用图像识别分析技术计算粒子运动位移,由位移及曝光时间间隔得到流场中各点的速度矢量,并计算出流线图、漩度图等。

(1)导入图片。通过提取高速摄像机拍摄的视频录像中每一帧的图片(如每秒 50 帧),将测序方式改为 1-2、2-3、3-4…后点击"添加",然后导入,即在后续的计算中,将通过图片 1 与图片 2、图片 2 与图片 3、图片 3 与图片 4…的比较计算方式进行。

(2)设置计算参数。①运算区域的设置,一般来说在滑坡碎屑流实验中,为了全面采集到滑坡的运动信息,总会对一些无关信息也进行了记录,为了单独测算碎屑流颗粒运动,需要先设置图片中需要运算的区域。②图片预处理的设置,为了更好地识别与分析颗粒的运动,需要对图片进行预处理。PIVlab 提供了许多图像预处理技术,可以显著提高分析的质量。如采用对比度限制自适应直方图均衡化(CLAHE)可局部增强图像的对比度。③图像处理的算法选择,可选择 DCC(单通道直接互相关)和 FFT window deformation(多通道傅里叶变换直接相关和变形窗口)两类算法。一般来说,FFT 相较于 DCC 可以运算得出更准确的结果。FFT 可以通过 3 个阶段进行图像数据分析,第一阶段是使用较大的判定区域计算图像中粒子的位移,判定区域越大,图片信噪比越好,结果相关越强,但是大面积的判定区域只能得到非常低的矢量分辨率,利用第一阶段的变形位移信息补偿第二阶段的判定区域,以此类推,使整个过程产生高矢量分辨率、高信噪比和高动态速度的速度场。

(3)当设置完上述的参数设置之后,即可开始运算进行图片数据分析,对于分析完成的数据,需要代入实际参量,既对实际距离和时间步长进行赋值。

(4)数据验证。高速摄像机摄像时光线的变化、较强的空气波动以及实验本身颗粒撞击模具振动等原因都会给实验带来一些错误的速度矢量。为了减少实验误差,可以通过速度限制的方法过滤数据,超过限制的数据将会被排除。

(5)生成速度场。对于完成计算的粒子运动速度场,可提取任意截面的粒子速度进行分析。

第六节 工程案例分析

本案例展示了利用高速摄像实验对室内物理模型颗粒运动过程进行记录计算的方法。本实验采用多功能滑槽物理模型实验装置模拟高速远程滑坡运动堆积过程,如图 18-3 所示。该装置主要由上、下两段滑槽组成,主体材料选用不锈钢板,上滑槽与水平滑槽相连端为扇形状,内嵌于下滑槽圆弧过渡段,并通过其顶端的轴栓铰接。通过在滑槽侧方架好摄影支架,安装高速运动相机 EZVIZ,调整到合适角度以记录滑坡运动全过程。启动相机,调至视频模式,将帧数设为最大 50 帧,分辨率为 1080p。挑选完整性较好、浑圆、无尖角破碎的粒径为 2~6cm 的卵石作为实验材料,将其置于挡板后随机开始实验。

在布置好仪器和设置好参数后,获取颗粒高速运动过程的图片,并将这些照片导入计算软件进行颗粒流运动过程分析,可对室内滑坡碎屑流运动过程具备一定认知。实验结果如图 18-4 所示。

图 18-3　颗粒高速摄像实验现场图

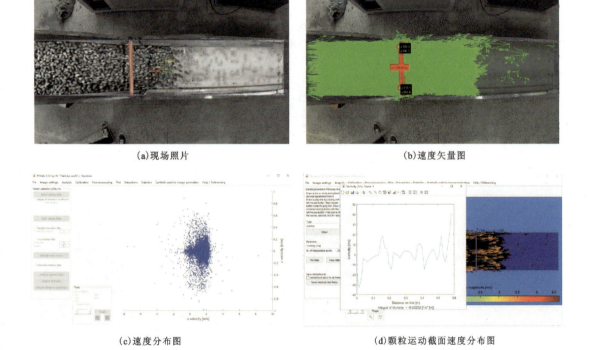

图 18-4　颗粒高速摄像实验

从图 18-5 中可以明显看出砾石颗粒在滑动阶段的整体速度变化,同时可以准确跟踪个别砾石大颗粒的运动路径,速度场的分布也更贴近于实际模型的运动状态。从分析结果看,基于高速摄像的方法对于分析滑坡碎屑流等流体运动具有很好的可视性和适用性。

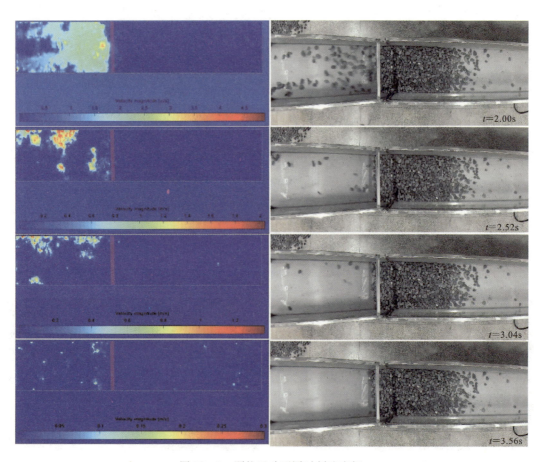

图 18-5 颗粒运动不同时刻速度场

第十九章 基于CT扫描成像技术的岩土体微观结构评价实验

第一节 概 述

电子计算机断层扫描(computed tomograph,CT)是20世纪60年代计算机技术发展的产物,其基本思路基于1917年奥地利数学家JHRadon用数学原理证实了可通过物体的投影集合来重建其图像。1938年,CHF Mubler和Gabrial Frank首次在一项专利中描述图像重建法在X射线诊断中的应用,他们设想用一种光学方法,通过一个圆柱形的透镜把已记录在胶片上的图像投影到另一张胶片上。1956年,Bracewell第一次运用图像重建方法,将一系列由不同方向测得的太阳微波发射数据,绘制了太阳微波发射图像。

1961年,WH Oldendorf用他称为"旋转-迁移法"的方法实现了图像重建,即发射出平行校正射线束,应用碘化钠晶体光电倍增管探测器,通过直接反投影法进行图像重建,可将塑料中的钉子分辨出来。1963年,美国物理学家A MC Ormack进一步发展了从X射线投影重建图像的方法,他用一个铝圆筒,周围用环状木材包裹,然后用X射线进行扫描得到吸收系数的剖面图,再用傅里叶变换算法得到铝和木材的实际吸收系数,探索出了用X射线投影数据重建图像的数学方法。他们共同奠定了CT的数学基础。同期,Caneron和Sarenson应用反投影技术研究活体内骨密度的分布。

1972年,英国EMI公司首先研制出第一台CT扫描机,由工程师G. N. H oundfiel设计。从此,CT技术作为一项尖端的成像技术,在医学上越来越广泛地用于对人体各种病理的透视检查。不仅仅在医学领域,因具有无损、动态、定量检测且分层识别材料内部组成与结构信息变化、高分辨率数字图像显示等优点,CT技术倍受国内外工程领域及学术界的重视。国外已成功将CT技术运用于岩土工程领域,并取得了显著成果。国内对岩土体CT方面的研究始于20世纪90年代初期。目前,CT技术在岩土力学研究中的应用日益广泛并深入,特别是在研究岩土体的结构及考察变形过程和规律方面取得了许多长足的进展,并取得了不少成果。

第二节 实验的基本原理与仪器设备

1. 基本原理

CT设备主要由放射源和探测器组成,基于透射射线理论的CT图像重构技术已经成熟,并得到广泛的应用,其基本原理为:被测物体放置在放射源与探测器之间,放射源所发出的射线穿透被测物体后必然引起射线强度、速度、频率等物理量数值上的变化,这些数据的变化将会被探测器所检测到。在每一个方向上,都会有一组射线穿透被测物体,被测物体包含在这组射线所组成的几何区域中,所测数据集称为此方向上的CT投影,通过转动或平移改变射线源(或探测器)位置,则可以得到不同方向的CT投影,据此可重构CT图像。在CT装置中,放射源可以是超声波、电磁波、微波、核磁共振NMR、X射线以及其他粒子流,其中X射线应用最为广泛。

X射线可以穿透非金属,不同波长的X射线有不同的穿透能力,在X射线穿透所检测物体的过程中,物体会对X射线的强度产生一定的衰减,这种物质对X射线衰减性能的表征参数就是衰减系数。不同物质对X射线的衰减系数是不同的。X射线穿透被检测物体时,其强度遵循以下的Beer衰减规律:

$$I' = I_0 \exp(-\mu x)$$
$$\mu x = \ln(I_0/I') \tag{19-1}$$

式中:I'为X射线穿透被测物体后的强度;I_0为X射线穿透被测物体前的强度;μ为被检测物体对X射线的衰减系数;x为X射线在被检测物体内的穿透长度。

对于被检测物体的某一截面,实际上是一定厚度的薄片体,CT检测的目的就是要计算截面内的衰减系数。为了显著反映物质衰减系数的差别,通常用水的衰减系数μ做参照定义CT数(用H表示),据此表征物质对X射线的吸收特性,H与衰减系数μ存在如下关系:

$$H_\mu = \frac{\mu - \mu_w}{\mu_w} \times 1000 \tag{19-2}$$

式中:μ、μ_w分别为物体和水的衰减系数。当$\mu = \mu_w$,水的CT值为0Hu;当$\mu = \mu_a$,$\mu_a = 0$(μ_a为空气的衰减系数)时,空气的CT值为-1000Hu。水和空气的CT值不受射线能量的影响,因此可用它们来标定CT值。一般岩土介质的CT值为-1024~+3071Hu,因此可获得4096(2^{12})个不同的CT值,即每个像素由12位数据表示。

2. 仪器设备

工业CT的基本结构包括射线源、前后准直器、探测器、机械扫描装置、电子学系统与接口、计算机及外围设备、射线防护措施等。电子学系统包括前端数据采集与控制系统、后端图像处理系统,因此至少需要两台计算机来完成,一台是前端计算机,负责数据采集,发送电机运动信号,并协调整个CT系统运转(包括系统监测、停机措施等),还承担前后端的数据分离与校验。另一台是后端计算机,主要承担图像重建运算和数字图像处理任务。岩土工程CT实验机如图19-1所示。

目前CT可视化检测在岩土工程研究中的应用主要集中于岩石和特殊土,如黄土、膨胀土、冻土等。由于CT实验的数据量巨大,像素点繁多,且成像图片不可避免地受到扫描噪声的影响,因此对于CT数据的后期分析方法虽然多种多样,但以定性解释为主,缺少定量的分析;对于CT图片的分析以直观地观察为主,缺少更进一步的研究,无法摆脱肉眼观察精度的局限。

图 19-1　岩土工程 CT 实验机

第三节　实验技术要求及操作步骤

利用工业 CT 开展 X 射线扫描无损测试需要满足以下技术要求：样本最大直径 200mm，最大高度 400mm，最大质量 5kg，且样本整体性良好，不存在实验中途垮塌掉渣等情况。除此之外，样本外缘无包裹或者包裹材料密度小，不影响射线穿透。射线发射过程需持续进行安全监测，且建立辐射台账。若样本需要在扫描过程施加外部温度、化学、压力等条件，应不影响仪器安全屏蔽功能和最大尺寸、最大重量要求。扫描参数设置需满足输出图像最优原则，射线管电压设置不可太高或太低。扫描完成之后待射线关闭方可取出实验样本且关机上锁。

第四节　实验操作步骤

目前，常用于工业 CT 系统的扫描方式分为第二代扫描方式和第三代扫描方式，扫描原理是：整个扫描过程中，射线源和探测器的位置不变，绕旋转轴将被测物体旋转 360°，根据需求设定采样间隔，获得不同采样角度下的所有投影数据，然后采用特定的算法重建出物体。投影和重建过程中需要满足的一个重要条件是射线源焦点、旋转中心和探测器中心这 3 点位于同一条直线，而且该直线与探测器所在平面垂直。CT 成像流程图如图 19-2 所示。

工业 CT 系统具体操作规程步骤可分为开机准备、开机及数据收集、数据重建以及关机。

1. 开机准备

开机前先检查仪器所有开关的工作状态，要求实验室环境温度 25±2℃，湿度不大于 60%。

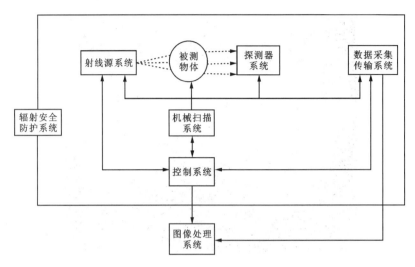

图 19-2　CT 成像流程图

2. 开机及数据收集

(1)打开主电源开关,0.5min 后开启设备防护锁。

(2)启动"xs control",点击"vacuum"抽真空,待真空值到达 20 以下对应指示灯变绿。

(3)点击"warm up"进行暖机,待对应指示灯变绿。

(4)启动"datos",确定机械轴校准后放置样品,应垂直放置样品以避免 Feldkamp 伪影。

(5)本地计算机硬盘新建工程文件夹和工程文件,工程文件必须放置在工程文件夹中。

(6)初步设置管电压和管电流,开启 X 射线,显示扫描实时图像和灰色直方图。

(7)设置样品 X 轴至显示屏中间位置,调整样品与射线源距离以获取最佳体素分辨率。

(8)将样品旋转一周,使得需要被扫描的样品区域始终处于屏幕视野中。

(9)设置 CT 图像采集相关参数,包括曝光时间、投影数目、滤波片种类及厚度等参数。

(10)取消勾选"offset"和"gain",通过调整管电压及管电流使得样品内部灰度最低区域大于 2000,以确保足够的 X 射线能量穿透物体进行成像。

(11)移开样品,设置校正参数进行探测器校正,以去除探测器灰度异常像素。

(12)点击自动扫描及开始按钮,开始进行 CT 扫描。

3. 数据重建和图像处理

(1)打开相应工程文件(dato rec 文件),进行样品扫描数据校正。

(2)设置射束硬化校正系数(bhc+值),削弱射束硬化效应对 CT 图像的干扰。

(3)基于高度精细化 FDK 算法重建投影图片获得被扫描样品 CT 图像。

4. 关机

关闭仪器控制电脑,关闭设备防护锁,关闭电源主开关。

第五节 实验数据整理与分析

处理 CT 扫描生成灰度图片主要步骤通常包括以下几点：①研究区域选择。通常 CT 扫描所生成的原始灰度图片存在边际效应及射束硬化现象，会对后续计算产生不良后果，为了避免此种现象通常在原始图像内部远离边界处选取一部分作为感兴趣区域（region of interest）进行研究。②图像预处理。主要采用对比度增强操作，目的是改变原有图像灰度频域和空间域，使得孔隙与基质二者间灰度值差别增大，便于后期阈值分割；另外还包括通过对图像进行快速傅里叶变换及巴特沃斯低通滤波器去除图像中环状伪影。③阈值分割。利用自动或人工定义方法确定一个灰度阈值，低于此灰度值像素被认为是孔隙，高于此灰度值像素被认为是基质，并将图像由灰度图转变为黑白二值图，便于图像处理软件进行信息提取。

第六节 工程案例分析

土体作为自然界的重要物质，其结构和性质涉及城市地下空间建设、轨道交通工程和地质灾害防护等方面。作为一种颗粒堆积体，土是一类典型的多孔介质，其内部孔隙结构分布特征对其宏观参数及变形行为起着控制作用。利用工业 CT 进行土体结构无损测试，获取其内部颗粒分布和孔隙结构变化，可揭示其渗透性并用于工程设计与相关科学问题攻克。图 19-3 为颗粒堆积体内部孔隙结构分析流程，利用最大球算法可获取孔隙网

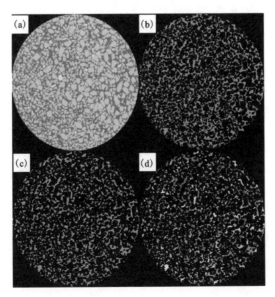

（a）原始 CT 图像；（b）阈值分割；（c）开运算；（d）分水岭分割。
图 19-3 颗粒堆积体内部孔隙结构分析流程

络模型(图19-4),且利用基于中间距算法可获取孔隙骨化模型(图19-5),这些模型均可用于土体渗透性问题解决。

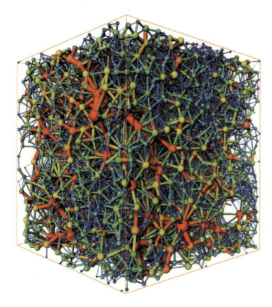

图 19-4 基于最大球算法的
孔隙网络模型

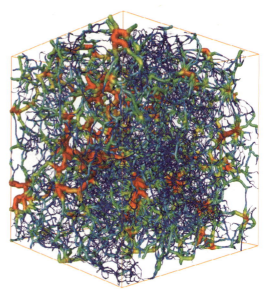

图 19-5 基于中间距算法的
孔隙骨化模型

主要参考文献

陈昌彦,王贵荣,2002.各类岩体质量评价方法的相关性探讨[J].岩石力学与工程学报(12):1894-1900.

陈国民,1999.扁铲侧胀仪实验及其应用[J].岩土工程学报(2):42-48.

陈建鸿,2023.基桩自平衡法静载实验的工程实例研究[J].江西建材(9):40-42.

陈则连,许再良,陈新军,等,2021.深层触探技术及其应用研究[M].成都:西南交通大学出版社.

程瑾,2008.十字板剪切实验的综合应用[J].工程勘察(S1):83-91.

崔德山,陈琼,马淑芝,等,2020.岩土测试技术[M].武汉:中国地质大学出版社.

董秀军,2006.三维激光扫描技术及其工程应用研究[D].成都:成都理工大学.

葛修润,王川婴,2001.数字式全景钻孔摄像技术与数字钻孔[J].地下空间,21(4):254-262.

葛云峰,唐辉明,黄磊,等,2012.岩体结构面三维粗糙度系数表征新方法[J].岩石力学与工程学报,31(12):2508-2517.

葛云峰,唐辉明,熊承仁,等,2014.滑动面力学参数对滑坡稳定性影响研究:以重庆武隆鸡尾山滑坡为例[J].岩石力学与工程学报,33(S2):3873-3884.

耿昊,杨江坤,宋彦琦,等,2023.泥岩动态冲击力学响应及裂纹演化实验研究[J].金属矿山(10):45-52.

龚晓南,杨仲轩,2017.岩土工程测试技术[M].北京:中国建筑工业出版社.

官善友,孙卫林,2008.扁铲侧胀实验在武汉地区的应用[J].工程勘察(1):32-34+61.

郭嗣杰,孟刚,蔡晓波,2010.井下电视技术的发展和应用[J].舰船防化(3):6-9.

黄敬军,2023.标准贯入实验在砂土液化判别中的应用研究[J].工程机械与维修(5):138-140.

黄清和,2005.螺旋板载荷实验探讨[J].地球与环境(S1):556-558.

赖建民,卜鹏飞,2024.三维激光扫描技术在建筑物三维建模可视化中的应用探究[J].科技创新与应用,14(1):193-196.

李红勤,2024.三维激光扫描技术在建筑变形监测中的应用[J].山西建筑,50(1):175-177.

李雄威,蒋刚,朱定华,等,2004.扁铲侧胀原位测试的应用与探讨[J].岩石力学与工程学报(12):2118-2122.

刘善军,吴立新,吴育华,等,2004.遥感-岩石力学(Ⅴ):岩石粘滑过程中红外辐射的影响因素分析[J].岩石力学与工程学报(5):730-735.

刘斯宏,肖贡元,杨建州,等,2004.宜兴抽水蓄能电站上库堆石料的新型现场直剪实验[J].

岩土工程学报(6):772-776.

刘喜燕,袁绪龙,罗凯,等,2023.带尾裙跨介质航行体高速斜入水实验研究[J].爆炸与冲击,43(11):108-120.

刘秀涵,张朋东,2023.基于三维激光扫描技术的古墓数字化保护方法[J].测绘通报(12):174-177.

刘佑荣,唐辉明,2009.岩体力学[M].北京:化学工业出版社.

马冬冬,汪鑫鹏,张文璞,等,2023.冲击荷载作用下冻土劈裂拉伸破坏特性实验研究[J].岩土工程学报,45(7):1533-1539.

马立广,2005.地面三维激光扫描仪的分类与应用[J].地理信息,3(3):60-62.

彭进,许红巧,王星星,等,2023.激光焊接过程的熔池动态行为研究[J].焊接学报,44(11):1-7+129.

秦健,文彦博,孟祥尧,等,2021.固支方板底部水下爆炸气泡射流研究[J].中国科学:物理学力学天文学,51(12):118-128.

屈峰玉,2009.基床系数测试方法的研究及应用[D].西安:长安大学.

盛振新,刘建湖,毛海斌,等,2022.爆轰产物冲击带破口双层板结构内板壁压研究[J].水下无人系统学报,30(3):391-397.

石祥锋,汪稔,张家铭,等,2004.旁压实验在岩土工程中的应用[J].岩石力学与工程学报(S1):4442-4445.

宋月歆,任富强,刘冬桥,2023.大理岩应变型岩爆红外前兆特征实验研究[J].岩土工程学报,45(3):609-617.

谭显江,张建清,刘方文,等,2012.高清数字钻孔电视技术研发及其在水电工程中的应用[J].长江科学院院报,29(8):62-66.

谭志宏,唐春安,朱万成,等,2005.含缺陷花岗岩破坏过程中的红外热成像实验研究[J].岩石力学与工程学报(16):2977-2981.

王川婴,LAWK T,2005.钻孔摄像技术的发展与现状[J].岩石力学与工程学报(19):42-50.

王德军,万田宝,孙晓东,等,2023.基于三维激光扫描的植被覆盖边坡监测[J].测绘通报(12):112-115.

王凤艳,陈剑平,杨国东,等,2012.基于数字近景摄影测量的岩体结构面几何信息解算模型[J].吉林大学学报,42(6):1839-1846.

王国庆,谢兴华,速宝玉,2006.岩体水力劈裂实验研究[J].采矿与安全工程学报(4):480-484.

王清,2006.土体原位测试与工程勘察[M].北京:地质出版社.

王树根,2009.摄影测量原理应用[M].武汉:武汉大学出版社.

王益腾,王川婴,邹先坚,等,2020.基于钻孔摄像技术的孔壁剖面线形貌特征描述方法及其应用研究[J].岩石力学与工程学报,39(S2):3412-3420.

王云南,张龙,郑建国,等,2021.最近三十年岩土原位测试技术新进展[J].岩土工程技术,35(4):269-274.

吴夏,赵亮,2023.三维激光扫描在某水电站大坝基础廊道变形监测的应用[J].水电站设计,39(4):101-104.

吴育华,吴立新,史文中,等,2006.岩石低速撞击的热红外特征分析与反演[J].岩石力学与工程学报(1):61-66.

徐稳,2023.体育科技在田径赛事中的运用及其影响[J].文体用品与科技(23):136-138.

余为,缪协兴,茅献彪,等,2005.岩石撞击过程中的升温机理分析[J].岩石力学与工程学报(9):1535-1538.

张成功,王予亮,姜红霞,等,2016.圆锥动力触探在强夯地基处理检测中的应用[J].浙江建筑,33(2):26-29.

张明聚,2013.岩土工程测试技术[M].重庆:重庆大学出版社.

张艳博,刘善军,2011.含孔岩石加载过程的热辐射温度场变化特征[J].岩土力学,32(4):1013-1017+1024.

张振林,2023.基于高速摄像法的液压凿岩机冲击性能测试技术研究[J].凿岩机械气动工具,49(4):5-9.

张祖勋,张剑清,2012.数字摄影测量学[M]武汉:武汉大学出版社.

赵明强,马军鹏,羊小云,2012.预钻式旁压实验在某板桩码头工程地质勘察中的应用[J].港工技术,49(2):71-74.

钟晓晖,朱令起,郭立稳,等,2006.煤体破裂过程辐射温度场的研究[J].煤炭科学技术(2):57-59.

周国东,焦玉明,张维,等,2023.多元异构光学识别锅炉壁面结焦及缺陷分析[J].光源与照明(11):84-86.

朱文慧,晏鄂川,邹浩,等,2022.湖北省黄冈市降雨型滑坡气象预警判据[J].地质科技通报,41(6):45-53.

纵路,2023.三维激光扫描技术在古建筑测绘中的应用:以萧县师范礼堂为例[J].西部资源(6):68-70+87.

邹先坚,王川婴,韩增强,等,2017.全景钻孔图像中结构面全自动识别方法研究[J].岩石力学与工程学报,36(8):1910-1920.

BELEM T,SOULEY M,HOMAND F,2007. Modeling surface roughness degradation of rock joint wall during monotonic and cyclic shearing [J]. Acta Geotechnica(2):227-248.

DEBA D,HARIHARANA S,RANA U M,et al.,2008. Automatic detection and analysis of discontinuity geometry of rock mass from digital images[J]. Computers & Geosciences(34):115-126.

FARDIN N,STEPHANSSON O,JING L,2001. The scale dependence of rock joint surface roughness [J]. International Journal of Rock Mechanics and Mining Sciences,38(5):659-669.

FRASER C S,CRONK S,2009. A hybrid measurement approach for close-range photogrammetry[J]. ISPRS Jouornal of Photogrammetry and Remote Sensing(64):328-333.

GE Y, CHEN Q, TANG H, et al., 2023. A semi-automatic approach to quantifying the geological strength index using terrestrial laser scanning[J]. Rock Mechanics and Rock Engineering(56):6559-6579.

GE Y, KULATILAKE P H, TANG H, et al., 2014. Investigation of natural rock joint roughness[J]. Computers and Geotechnics(55):290-305.

HOPKINS D L, 2000. The implications of joint deformation in analyzing the properties and behavior of fractured rock masses, underground excavations, and faults[J]. International Journal of Rock Mechanics & Mining Sciences, 37(1):175-202.

KIM T, KANG G, HWANG W, 2014. Developing a small size screw plate load test[J]. Marine Georesources Geotechnology, 32(3):222-238.

KOESSLER L, CECCHIN T, CASPARY O, et al., 2011. EEG-MRI co-registration and sensor labeling using a 3D laser scanner[J]. Annals of Biomedical Engineering(39):983-995.

TANG H, GE Y, WANG L, et al., 2012. Study on estimation method of rock mass discontinuity shear strength based on three-dimensional laser scanning and image technique[J]. Journal of Earth Science, 23(6):908-913.

WILLIAM C, HANEBERG, 2008. Using close range terrestrial digital photogrammetry for 3D rock slope modeling and discontinuity mapping in the united states[J]. Bull. Engeol. Environ(67):457-469.

XING Y, KULATILAKE P H S W, SANDBAK L A, 2018. Effect of rock mass and discontinuity mechanical properties and delayed rock supporting on tunnel stability in an underground mine[J]. Engineering Geology(238):62-75.